入門！ガクモン
NYUMON! GAKUMON
人気大学教授の
熱烈特別講義

宇宙物理学

宇宙を生きる

磯部洋明
京都市立芸術大学准教授

小学館

CONTENTS

第2章 物理学を使って世界を理解するということ

第3章 コスモスからカオスへ

第4章 学問と生きる

はじめに

「宇宙の果てはどうなっているのだろう？」
「宇宙人って本当にいる？」
「地球はいつか無くなってしまうの？」
「ずっとずっと未来の宇宙はどんな風になるの？」

このような疑問が頭に浮かんで、しばらくそれについて思いをめぐらせてみるということを、多くの人が体験したことがあるのではないでしょうか。

私たちの日常生活は、このような疑問への答えが見つからなくても、同じように過ぎてゆきます。ある日本当に宇宙人が地球へやってくれば話は別ですが、そうでもなければ、宇宙がどんなところだろうと私たちの人生に直接関《かか》わることはほとんど無いように思われます。

私は宇宙物理学を専門としている研究者ですが、「宇宙の研究をしています」というと、よくある反応は「ロマンがあっていいですね」といった雰囲気のものです。自分も冒頭に挙げたような疑問を子どもの頃よく考えたんですよ、といった声もしばしば聞きます。そこに込められたニュアンスは、宇宙の研究とは、日々の生活や様々な社会問題とは関係のない、未知の世界へのロマンとか純粋な知的好奇心とかいったものだけに支えられた、文字通り地に足のつかない研究だということのようです。キラキラしていてステキだけど、何のためにやっているのかと言われたら「楽しいから」としか言いようがない、[*1]そんなイメージです。

このイメージはある意味正しい部分もありますが、宇宙研究の全てがそうではありません。確かに、ブラックホールや遠方の銀河などの遠く離れた天体の正体がどのようなものであろうと、今生きている私たちの生活に直接的な影響があるわけではありません。ですが、この後解説する太陽と地球の関係のように、私たちの住んでいる地球は、外とは全く関わりのない閉じた世界ではなく、常に地球外の宇宙から様々な影響を受けています。また、宇宙空間を様々な形で人々の生活や経済活動に利用するための研究や、人間の活動圏を地球外の宇宙へと広げるための様々な研究も行われています。

近代的な科学が発展するずっと前から、人々は空を見上げて宇宙に思いを馳《は》せてきました。そこには天体の運行を観測して暦を作るという実際的な目的に加えて、宇宙はどのようにできたのか、人間はなぜ生まれてきたのか、自分たちの生にはどんな意味があるのかといった「問い」があったのだと思います。

宇宙や人間についての人々が行ってきた様々な考察は、神話という形で現代の私たちに語り継がれています。神話というのは現代人から見れば荒唐無稽《こうとうむけい》な作り話に過ぎないようにも見えますが、それはこの世界がどんなところなのかを把握して、そこに生きている自分たちの存在に対して納得の行く説明を与えようとする、古代から続く人々の切実な営みが形になったものなのです。

現代の科学もまた古代の人々と同じように、自分たちの存在に対する問いに答えようとする側面を持っています。天文学や物理学のような自然科学は、「この世界がどんなところか」という問いの答えは探ろうとしますが、「人生の意味」といった問いに答えは与えないし、与えようともしません。

ですが、宇宙の始まり、物質や生命の起源、太陽や地球の長期的な未来などについて明らかにしようとする自然科学の営みは、しばしば「私たちはなぜ生まれたのか」「いつか必ず滅びるならば何のために生きているのか」といった自然科学では扱い切れない問いを呼び覚まします。あるいは、地球以外の天体に移住したり生命そのものを改変したりといった、自分たちの生のあり方自体を技術的に変えてしまうことが工学的研究によって現実味を帯びてくると、そもそも私たちはどのような社会を作り、どのように生きたいのか、という問いを根底から考え直す必要が出てきます。

ここで、人間にとっての意味や価値といった問題も取り扱う人文科学や社会科学が登場することになります。宇宙の研究は、今や自然科学以外の領域にも広がっているのです。

本書の目的は、宇宙の成り立ちや、宇宙で起きている様々な現象について解説することではありません。まだ分かっていないことの多い最先端の研究について紹介することでもありません（それに最先端の研究はすぐに最先端でなくなってしまいます）。宇宙を研究するということが一体どういう営みなのかを考え直し、それを通して「学問とは何であるか」という本シリーズに共通の問いについて考えることが目的です。私自身が関わった研究を例に出しながら話を進めますので、本書に書いてあることが宇宙研究全体に当てはまるわけではないことはお断りしておきたいと思います。

本書の前半では主に「研究」という言葉を使っています。本シリーズを通したテーマである「学問」と研究には重なりがありますが、全く同じ物ではありません。研究という言葉は、本書では「ある対象について、できる限り客観的な手法を用いて、それがどのようなものであるかを明らかにしようとすること」というくらいの意味で使っています。それに対して学問は、研究と重なりはあるけれどもう少し広い概念だと私は考えています。

学問とはどういうものかを考えること自体が本書の目的なので、はっきりした定義を今ここで挙げることはできないのですが、この後、本文中では、本を読んで学んだり、答えは出ないけれどある問題について深く考えたり、それについて誰かと語り合ったりといった、研究も含むけれど研究という言葉だけではとらえられない内容まで含んだ意味を持たせたい時に、学問という言葉を使います。

なお、研究や学問と同じような文脈で使われる言葉に「科学」があります。狭い意味ではいわゆる理系に分類されるような自然科学を指すこともありますが、社会科学や人文科学といった言葉があることからも分かるようにもう少し守備範囲の広い言葉です。「科学」という言葉で表される営みはどういうものなのか、何が科学で何が科学でないのかといった問題については、科学史、科学哲学、科学人類学といった分野が成立するほど長い研究の歴史があり、良書もたくさん出ています。本書では「科学とは何か」という話題にはこれ以上触れませんが、関心がある人は巻末の参考文献をご覧下さい。

まずは宇宙に関係した様々な研究分野について簡単に説明してから、具体的な研究について見ていきましょう。最初は少し教科書的な説明が続きますが、後に続く議論へのイントロダクションとして、しばらくおつきあい下さい。

＊1 **「宇宙の研究」のイメージ（7ページ）**
様々な学問に対するイメージを調査した研究では、天文学は隣接分野である物理学や地球惑星科学ではなく、「美しい」「神秘的な」といった言葉と結びつけられる芸術学と近いイメージが持たれているという結果が出ています。豊沢、唐沢、戸田山、「大学初年次学生の分野別科学のイメージ」（科学技術社会論研究、8,151-168,2011）

第１章

宇宙を研究するということ

「宇宙」に関係した研究分野

まず簡単に言葉の整理をしておきたいと思います。日本を含む漢字文化圏での「宇宙」という言葉の起源は古く、中国の春秋戦国時代にまで遡《さかのぼ》るそうです。*2

一方、「宇宙」に対応する英語（や西洋の言葉）には複数あります。ビッグバンから始まったこの宇宙全体という意味では universe（ユニバース）という言葉が使われます。これに近い意味で使われる言葉に cosmos（コスモス）という言葉がありますが、これは元々「調和」とか「秩序ある体系」のような意味があります。古代のヨーロッパ人は神様の世界である天は調和のとれた完璧《かんぺき》なところだと考えていたようです。ちなみに cosmos の対義語は「混沌《こんとん》」を意味する chaos（カオス）です。

一方、ロケットで行けるような地球周辺の宇宙空間を表すには英語で space（スペース）を使います。これは単に「空間」という意味もありますので、地球外の宇宙空間であることを明示的に表す時は outer space（アウタースペース）という言い方もします。なお、astronomy（アストロノミー＝天文学）や astronaut（アストロノート＝宇宙飛行士）などの単語に出てくる astro- という接頭語は、星や天体という意味の言葉から来ています。

第1章

宇宙を研究するということ

次に宇宙に関《かか》わる学問分野について整理しましょう。まず「天文学」は最も古くからある学問の一つです。かつては天体の運行を調べて暦を作ることが主たる内容でしたが、現代的な意味では宇宙の成り立ちや様々な天体現象を対象とする学問です。

これとほぼ同じ意味で「宇宙物理学」という分野名があります。私自身も自分の専門分野を表す時はこの言葉を使うことが多いです。これは、現代天文学においては様々な天体現象のメカニズムを主に物理学を使って理解しようとしているということを反映しています。

この「物理学を使って宇宙を理解する」というのは一体どういうことなのかが本書の主要なテーマの一つであり、次の章で詳しく見ていきたいと思います。

宇宙物理学は、物理学という、より大きな分野の一つであると見ることもできますし、実際そのような分類がなされることもあります。しかし宇宙の研究は物理学の範囲に収まるものばかりではありません。

例えば最近二〇年ほどの宇宙研究における最大の進展の一つは、太陽系以外の恒星にも惑星が存在し、しかもその中には地球のように生命の生存が可能な環境を持つ惑星も数多くあることを発見したことです。次の大きな目標は、それらの惑星に実際に生命がいるかどうかを確かめることです。そしてこのことは即座に、「一体何を見つけたら生命を見つけたことになるのか？」「そもそも生命とは何だろうか？」という問いを引きおこします。地球外生命の存在や生命の起源を探る研究は「宇宙生物学」という新しい研究分野へと成長しています。

物理学や生物学などいわゆる「理学」に分類される研究の他に、宇宙の研究には、ロケットや人工衛星など宇宙へ人や物を運んで宇宙空間を利用するための技術を開発する工学系の研究もあります。理学と工学の研究は独立したものではなく、理学的な研究の成果が工学に応用されて新しい技術を生み出すこともあるし、工学的な研究による新しい技術が理学の研究を大きく進めることもあります。宇宙を含む自然科学の多くの分野で理学と工学は車の両輪のようなものであり、両者の間を行ったり来たりしている研究者も大勢います。

また、人間が宇宙へ行くようになったことで、重力や放射線など様々な点で地上と異なる宇宙環境が健康に与える影響を研究する「宇宙医学」や、将来的に宇宙で食糧を自給するための「宇宙農学」といった研究分野も生まれています。国際宇宙ステーションでは、微少重力という宇宙ならではの環境を活《い》かした物質科学や創薬などの研究も行われています。

第1章

宇宙を研究するということ

宇宙の研究が人文・社会科学の分野にも広がっていることは既に述べました。その中には、「人間が生きる意味」のような非常に根元的かつ答えの無いような問題だけでなく、宇宙空間で様々な国や企業が活動する際のルールはどのように定めたらよいのか、地球を観測する人工衛星の性能が上がることによってプライバシーが侵されることをどう規制するのかといった実際的な問題も含まれています。

工学、医学、農学、法学などの分野は、人間が宇宙に行き、宇宙を利用するための実用的な学問としての側面が強いですが、実用性だけがそれらの学問の持つ意義ではありません。宇宙研究は理学と工学が車の両輪であることは既に述べました。宇宙医学や宇宙農学の研究にも、微少重力や放射線といった宇宙特有の環境が人間や動物の身体、植物の成長にどのような変化を引き起こすか調べることを通して、生命とはどのように成り立っているのかというもっと根元的な問題に迫るという側面があります。法学のような分野においても、例えば天体の土地や資源を私的に所有することが許されるかといった問題は、そもそも何かを所有する権利はどのように発生するのかといった、より学術的かつ根元的な問題につながっています。

半径	69万6千km　（地球の109倍）
質量	2×10^{30}kg（地球の330000倍）
地球からの距離	1億5千万km
光度	3.84×10^{26}W
表面温度	6000度
年齢	46億年

表1　太陽の諸定数

私自身は、宇宙物理学の中でも特に太陽の研究を専門としています。以下では太陽を例にして、研究の具体的な中身を見ていくことにしましょう。

太陽はどんな星？

太陽の研究について説明するために、まずは太陽がどんな星かについての基礎知識を教科書風にまとめて書きます。本当はここに書かれている内容の一つ一つに、それがどのようにして分かるようになったかの物語があるのですが、その全てを説明することはとても一冊の本では無理なので、とりあえずはここに書いてあることは現代の科学で分かっていることとして受け入れて下さい。天文学の入門書などで基本的なことはもう知っているという方は飛ばしても大丈夫です。

第1章

宇宙を研究するということ

太陽は宇宙の中ではごくありふれた恒星の一つです。恒星とはガスが自分自身の重力で集まって球状になったもので、中心部で核融合が起きることで自ら光り輝いています。成分は宇宙の大部分のガスと同じようにほとんどが水素とヘリウムですが、それ以外の元素もわずかに含まれています。太陽の大きさや地球からの距離など、基本的な数字を表1に挙げてあります。

図1（20ページ）は可視光で見たある日の太陽です。中心付近に一列に連なったように黒点があり、その少し右下にはかなり複雑な形をした黒点があります。この程度の大きな黒点であれば、専用の太陽観測グラスを使えば肉眼でも見ることができます。望遠鏡が発明される以前の人々も、日没直前や薄雲を通して黒点を発見していたことが、古い文献に残された記録から分かっています（目を痛めますので、現代人の皆さんは必ず専用の太陽観測グラスを使って下さい）。

可視光（白色光）で見ているのは、光球と呼ばれる太陽の表面です。太陽はガスの塊ですから、岩石でできた地球のように明確な表面があるというのは少し奇妙に聞こえるかもしれません。既に述べたように太陽はガスが自身の重力で集まったもので、集まったガス自身の圧力が重力とバランスすることで球状になっています。従って中心に近いほどガスの圧力と密度が高くなります。ガスの密度が高い太陽の内部は、いわば不透明

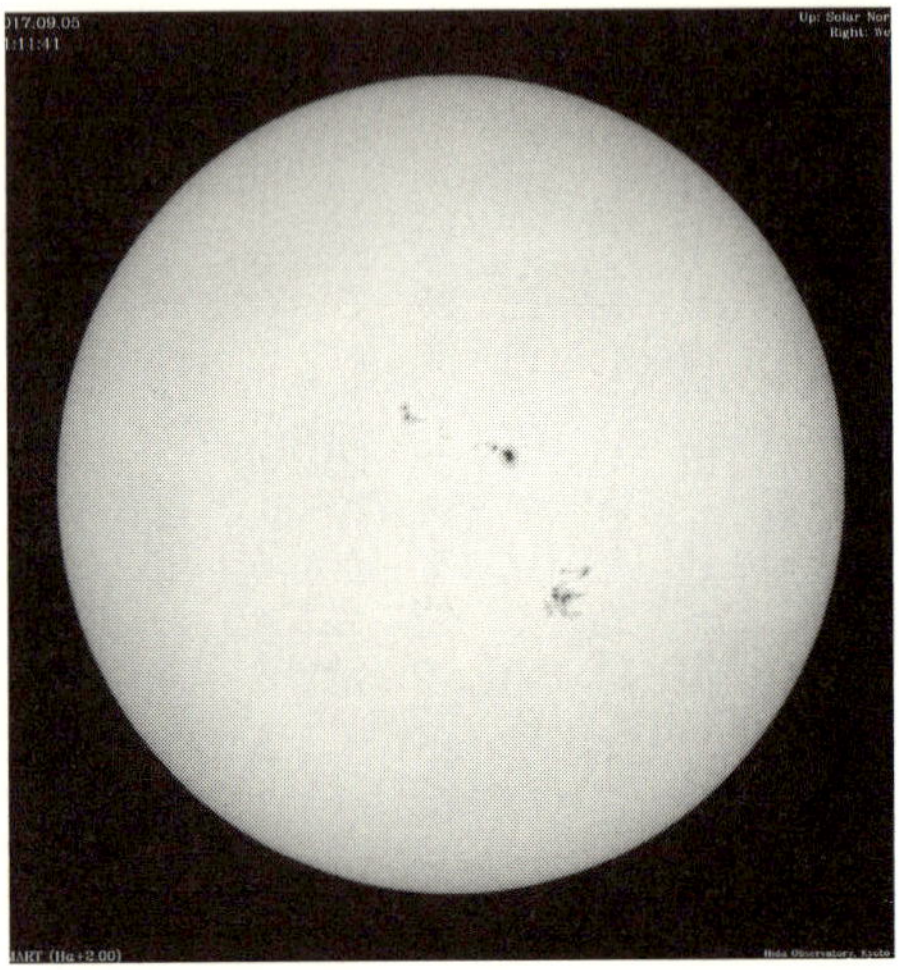

図1　可視光で見た2017年9月5日の太陽（京都大学飛騨天文台）。上が太陽の北極で下が南極、写真で左側を太陽の東、右側を太陽の西と呼ぶ。南半球に複雑な形をした黒点群が、北半球に東西に並んだ黒点群がある。

な濃い霧の中にいるようなもので、光はまっすぐ進むことはできません。しかし外側に行くに従って徐々に密度が下がり、あるところから急に霧が晴れたように光がまっすぐ進めるようになります。これが可視光で見た時の表面、すなわち光球です。

霧が晴れたといっても、光球の外側が突然真空になるわけではなく、その外側にも希薄な大気が広がっています。図2は、太陽の中に含まれているカルシウムイオンのスペクトル線（原子やイオンが特定の波長の電磁波を吸収したり放射したりするもの）であるカルシウムH線（波長三九七ナノメートル）で太陽の縁の近くを撮影したものです。明るく見える太陽面の外側に、希薄な大気の層が広がっていることが分かります。光球

図2　カルシウムH線で見た太陽の彩層（ひので衛星可視光望遠鏡 NAOJ／JAXA）

の上空にある、厚さが数千キロメートルほどのこの層のことを「彩層《さいそう》」と呼んでいます。彩層にはよく見るとまるで草が生えているような縦方向の構造が見えますが、これは太陽面から噴き出すジェット（細長いガスの流れ）で、「スピキュール」と呼ばれます。彩層の温度は光球と同じかそれよりやや高い、数千度～一万度程度になっています。

彩層のさらに上空には、「コロナ」と呼ばれる温度数百万度の高温で希薄な大気が広がっています。コロナは古代から皆既日食の時に目撃されていました。皆既日食の時にだけ出現するのではなく、いつでも太陽の周囲にあるのですが、普段は空が明るすぎるため、地上からは皆既日食で光球面

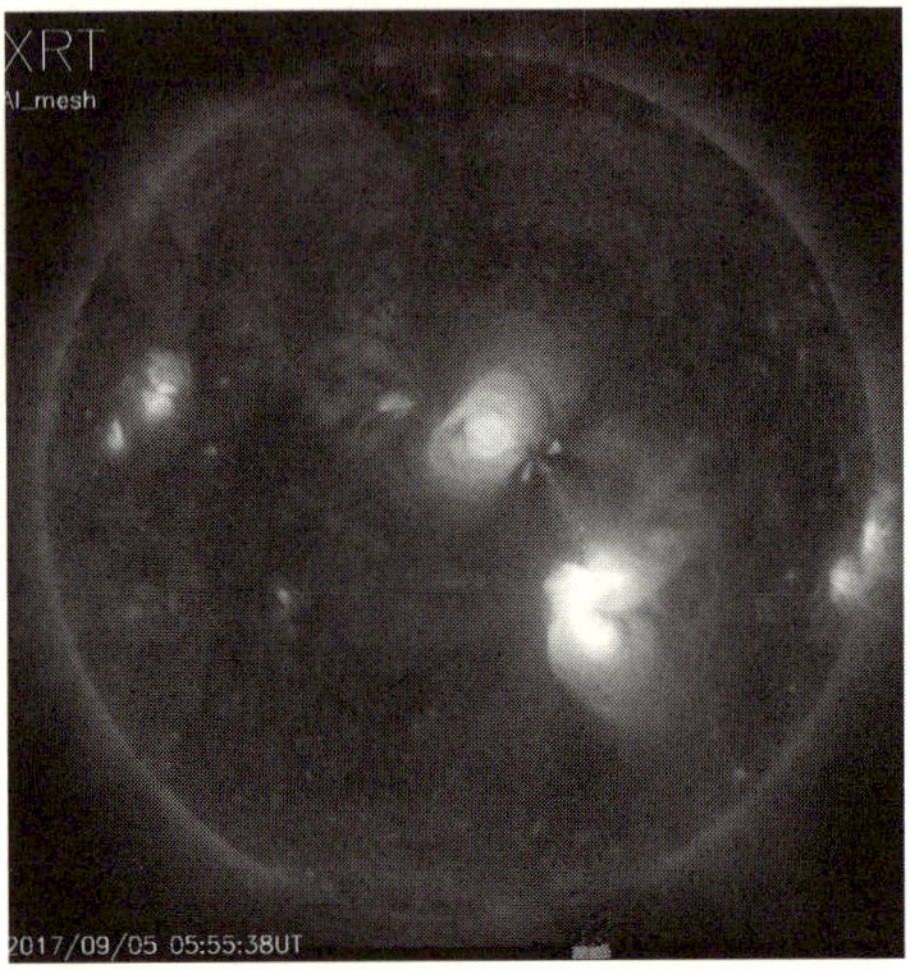

図3　エックス線で見た2017年9月5日の太陽（ひので衛星X線望遠鏡 NAOJ／JAXA／NASA）

が隠された時にだけ見ることができます。しかし、人類が宇宙へ人工衛星を飛ばせるようになってから、コロナを常時見ることができるようになりました。

図3は図1と同じ日の太陽をエックス線で見たものです。太陽の表面（光球）は暗く、その代わりに外側にぼんやりと明るい領域が広がっていることが分かります。

温度を持つあらゆる物体は、その温度によって異なる波長の電磁波を放出しています。恒星の表面、つまり数千度から数万度くらいの物体は可視光で光ります。地球の気温や人間の体温程度であれば赤外線で光ります（これが赤外線カメラが夜間でも使える理由です。可視光では真っ暗でも、物体自身が赤外線を出しているのです）。

そして十万度くらいになると紫外線で光るようになり、百万度を超えるとエックス線で光りだします。エックス線で光っているということは、コロナが百万度以上の高温であることの間接的な証拠でもあるのです。

図1と比べると、エックス線で特に強く光っている領域は黒点の上空に相当することが分かります。どうやら黒点とコロナには関係があるらしい、ということがここから推測できますが、それについては次節で詳しくみてゆきます。

コロナ加熱問題

ここからはいよいよ、世界中の太陽研究者たちが今も取り組んでいる具体的な研究テーマの例を挙げながら、研究者とは一体何をしているのかを見てゆきます。

太陽の外側にはコロナと呼ばれる百万度以上の超高温大気が広がっていると述べました。太陽の表面は六千度なのに、その外側に広がっているコロナが百万度の高温になっている理由は何か？　この謎《なぞ》は太陽物理学の最大の未解決問題の一つとされています。

実は太陽以外の様々な天体でも、太陽と同じように外側に超高温で希薄な大気が見つかっています。従ってコロナ加熱問題は、天文学上の重要な未解決問題の一つと言っていいでしょう。以下では、コロナ加熱の一体何が問題なのか？　研究者は何をどうやって解明しようとしているのか？　どこまで分かったらこの問題は解決したと言っていいのか？　ということを順番に見ていきます。

コロナ加熱問題の何が問題なのか？　ということを議論するための準備として、そもそも「温度」とは何かということを現代の物理学がどのように理解しているか知っておく必要があります。「もう知ってるよ」という人は以下の説明は飛ばして下さい。

温度という概念が熱い（暑い）、冷たい（寒い）という感覚に関係していることは分かっていても、その正体が何か、温度が違うということは一体何が違うことなのか、きちんと説明できる人は意外に少ないのではないでしょうか。昔は「熱素」と呼ばれるような何かがあって、温度が高いとは熱素が多い状態であり、高温の物体から低温の物体に熱が流れることは、熱素が移動することだとする考え方もありました。しかし今ではこのような考え方は採用されていません。

温度とは、物質を構成している粒子の平均的なエネルギーのことです。あらゆる物質は原子やそれが結合した分子からできていますが、それらの粒子は止まっているわけではなく、様々な速度で動いています。温度が高い状態というのは、この粒子の「平均的

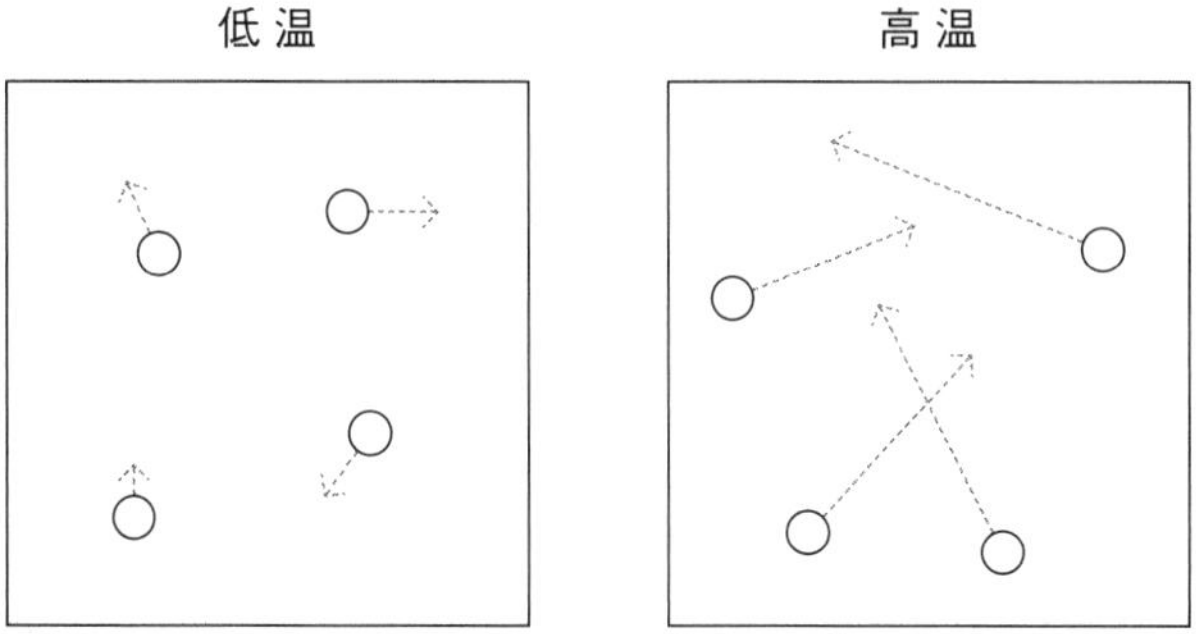

図4　温度の違い

な」運動エネルギーが大きいということ、簡単に言えば動くスピードが速いということです。つまり図4のように高温の物質では粒子が激しく動き回っていて、低温の物質ではゆっくり動いているということです。もう少し厳密に言うと、動いている粒子の運動エネルギーは質量と速度の二乗の積に比例します。つまり重くて速い粒子ほど運動エネルギーが大きいということになります。

温度の定義に「平均的な」がついている理由は、一つ一つの粒子の速度はバラバラで様々な値をとるからです。もし粒子が一つや二つしか無ければ平均的な運動エネルギーというものにあまり意味はありませんから、温度を定義することはできません。温度がきちんと決まるためには、粒子が充分にたくさんあって、しかもその粒子同士が頻繁にぶつかりあってお互いのエネルギーをやりとりしあっている必要があります。多数の粒子がお互いに衝突しながら乱雑に動き回ることで持っている運動エネルギーの総和を熱エネルギーと呼んでいます。また、このようにたくさんの粒子から成る系で、一つ一つの粒子の振る舞いではなくその集団の統計的な性質を対象とする物理学を統計力学と呼んでいます。

温度の定義からただちに分かることの一つが、温度には下限があるということです。つまり全ての粒子が静止している状態です。これを絶対零度と呼びます。水の融点を0度、沸点を100度として定義する私たちにおなじみの摂氏で測ると、絶対零度はマイナス273・15度に相当します（実はミクロな世界では粒子が完全に静止しているという状態はとれないことが分かっていますが、ここではその問題には触れません）。一方で温度に原理的な上限はありません。

次に、コロナ加熱問題に関わる重要な法則を説明します。それは熱力学という物理学の一分野に関するもので、「熱エネルギーは高温の物体から低温の物体に移動する」というものです。これは日常感覚からは明らかだと思います。高温のものと低温のものが接していると、徐々に高温のものの温度が下がり、低温のものの温度が上がり、最後は同じ温度になります。このことは先に説明した温度の正体から以下のように理解できます。熱が伝わるとは、高温側で激しく動き回っている粒子が低温側のおとなしい粒子と衝突することによって、低温側の粒子がエネルギーを得て激しく動き出し、逆に高温側の粒子がエネルギーを奪われておとなしくなることです。もちろん低温側の粒子が衝突によって高温側の粒子にエネルギーを渡すことはまれにはあるのですが、全ての衝突によるエネルギーの受け渡しを足し合わせると、必ず高温側から低温側へエネルギーが輸送されることになります。

以上でコロナ加熱の何が問題か？　を理解するための準備ができました。まとめるとポイントは以下の三点です。

1. 熱エネルギーとは物質を構成している粒子が乱雑に動き回るエネルギーを足し合わせたものである
2. 温度とは物質を構成している粒子の平均的な運動エネルギーである
3. 熱エネルギーは高温から低温に輸送される

ではいよいよ、コロナ加熱問題の説明に入っていきましょう。

コロナはなぜ不思議なのか？

前の節で、太陽のエネルギー源は中心部で起きている核融合だという話をしました。

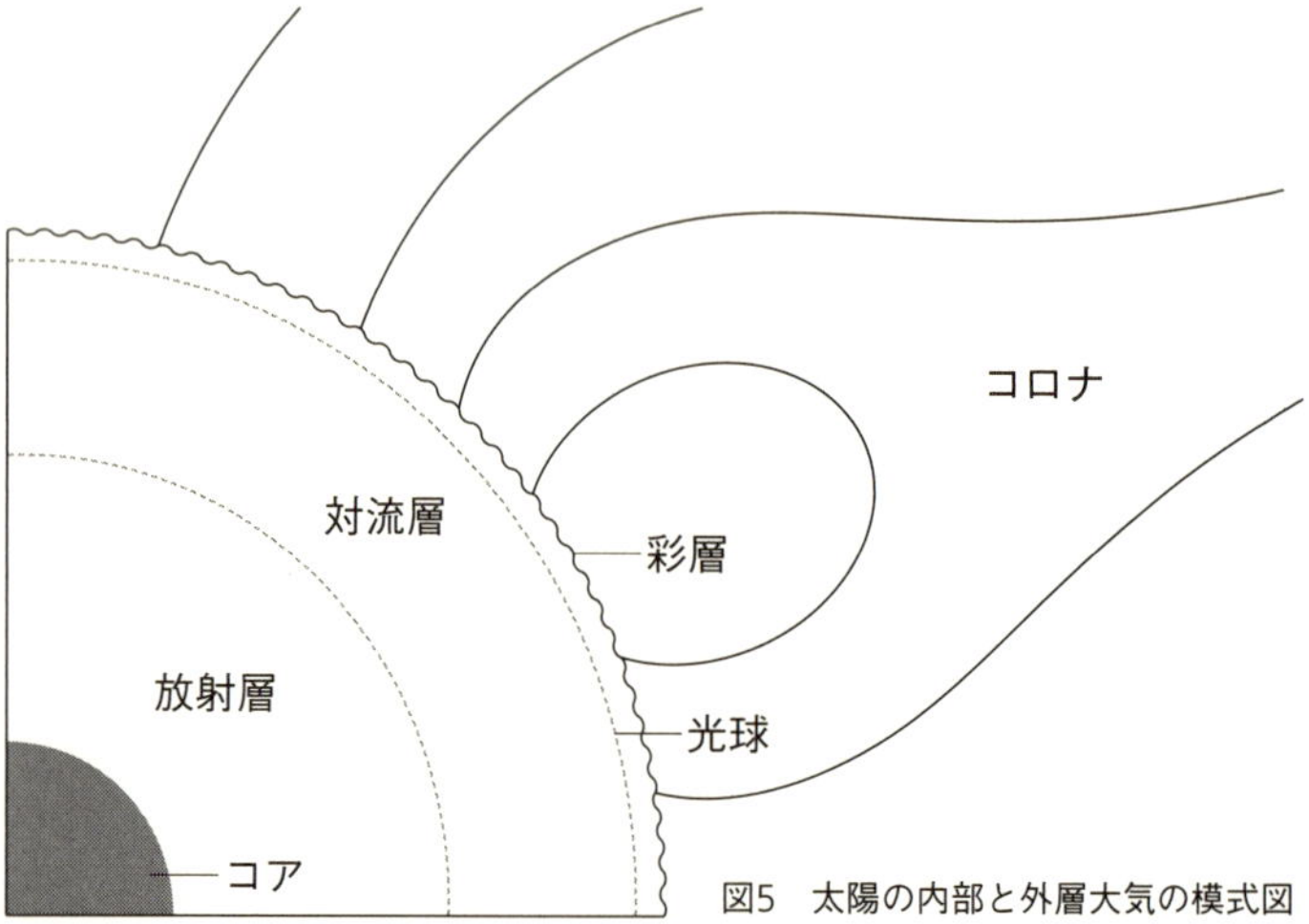

図5　太陽の内部と外層大気の模式図

図5は太陽の内部から外側までを模式的に示したものです。図6は太陽の中心から外側に向かって温度がどのように分布しているかのグラフになっています。核融合が起きているのは中心部のコアと呼ばれるところで、ここは原子の質量エネルギーが核融合により次々に熱エネルギーへと変換される、いわば太陽の熱源です。コアの温度は千五百万度にも達します。

コアで生み出された熱エネルギーは外側へと伝わります。厳密には、コアのすぐ外側の放射層と呼ばれる領域では主に放射によって、その外側にある対流層ではガスの運動（対流）によってエネルギーが運ばれているのですが、高温部から低温部にエネルギーが運ばれることに変わりはありませ

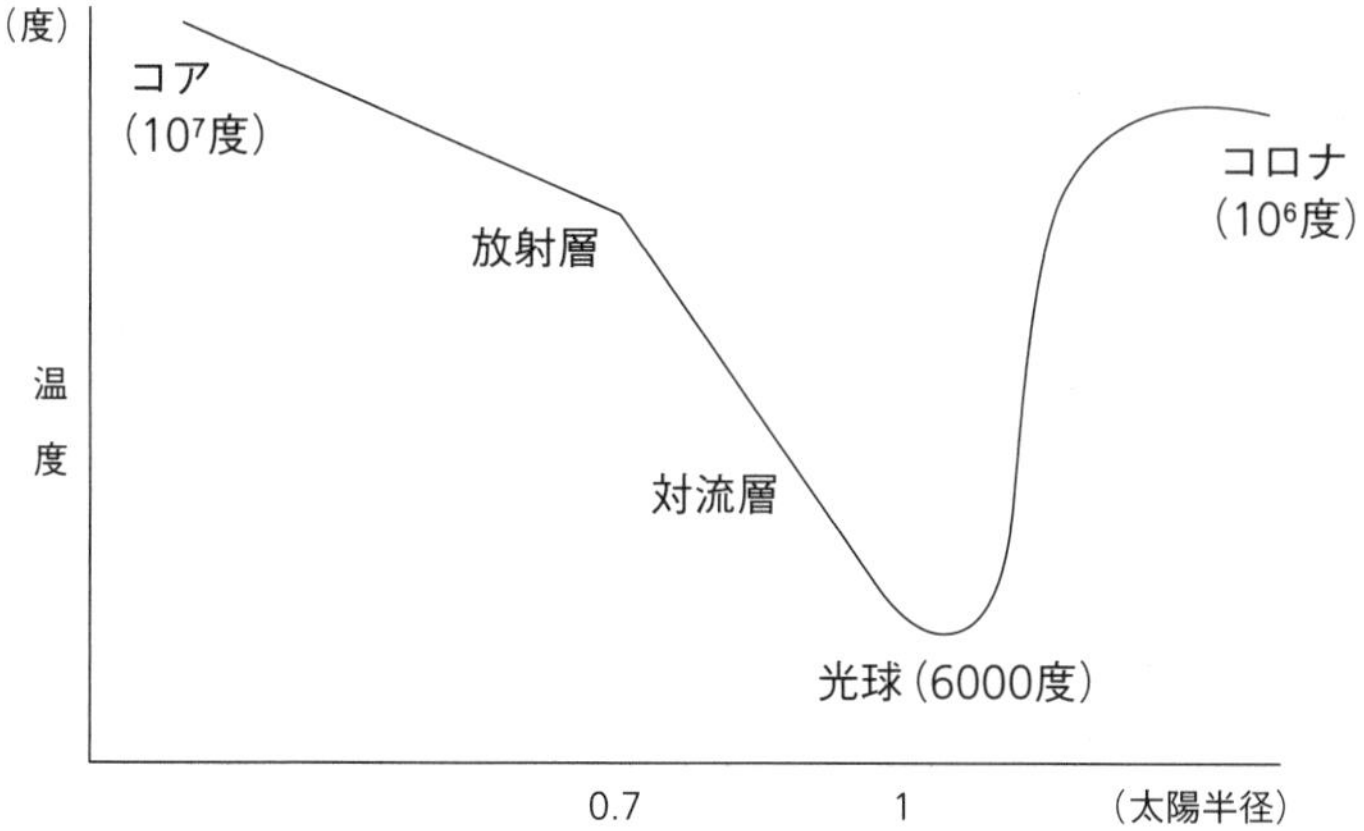

図6　太陽の温度分布

ん。実際、図6を見ると中心から外側に向かって徐々に温度が下がり、光球面では約六千度になります。

ところが光球の外側で再び急激に温度が上がり、コロナで百万度に達するのです。中心部に熱源があるのだから、熱力学の法則からすれば中心から離れるほど温度が下がるはずです。にもかかわらず一番外側のコロナで温度が上がっているのはなぜか？　これは温度に関する基本的な物理学理論である熱力学の法則と矛盾しているのではないか？　これがコロナ加熱の謎《なぞ》の出発点です。六千度より低温の大気が太陽の外側に広がっているならばそこに何の不思議も無いのですが、なぜか熱源より離れているのに高温になっている点が変なのです。つまりエネルギーが低温の表面から高温のコロナへ向けて、熱力学の法則とは逆向きに流れているように見えるのです。

熱力学の法則が成り立っていないのではという物理学にとって重大な疑問を投げかけているかに見えるコロナ加熱問題ですが、実はこの疑問に対する答えは拍子抜けするほど簡単です。高温から低温へと移動するのは「熱」という形態のエネルギーであって、そうでない形態のエネルギーは温度の制約は受けません。寒い部屋から暑い部屋に向かってボールを投げることは簡単にできますね。この時ボールの運動エネルギーは寒い部屋から暑い部屋に輸送されています。運動エネルギーや電気エネルギーのように、熱でない形態のエネルギー（以下では非熱的エネルギーと呼びます）であれば、低温部から高温部へ移動してもよいのです。

さらに言えば、暑い部屋に投げ込まれたボールはやがて壁にぶつかったり床を転がったり空気抵抗を受けたりして静止しますが、その過程でボールの運動エネルギーは壁や床、室内の空気の熱エネルギーに変換されています。同じように、寒い地域で掘った原油や発電した電気を暖かい地域に運んだり送電したりすることで、化学エネルギーや電気エネルギーを低温地域から高温地域に輸送し、さらに高温地域でそれらのエネルギーを熱に変えることもできます。

これで、「熱力学の法則に反しているのでは？」というコロナ加熱の問題は解決したと言うこともできます。なんらかの非熱的エネルギーが光球からコロナに到達してから熱に変わればよいのです。

ここで満足して終わってもよいのですが、さすがにまだ問題解決と呼ぶには不充分な気がします。なぜなら、コロナを加熱するだけの非熱的エネルギーが充分にあるのかどうかまだ確認していないからです。そこで少し数字を挙げながら検討してみましょう。数字を追いかけるのが面倒な人は飛ばし読みしても大丈夫です。

物理学でよく使うエネルギーの単位はJ（ジュール）です。一ジュールは毎秒一メートルの速度で運動している二キログラムの物体が持つ運動エネルギーです。これを熱に変えると、一グラムの水の温度を約0・24度上昇させることができます。

ところで、コロナを百万度に保つためには、いったん百万度に加熱しさえすればよいわけではありません。先ほど熱力学の法則のところで説明したように、熱エネルギーは高温から低温に向けて伝導しますので、百万度に達したコロナからは一万度以下の彩層・光球に熱が逃げてゆきます。また、コロナから放射されるエックス線などの電磁波も、エネルギーを奪い去ってゆきます。

従ってコロナを百万度に保つためには、熱伝導と放射でコロナから逃げる分を埋め合わせるだけのエネルギーを供給し続ける必要があります。

放射と熱伝導の効率を詳しく計算することはそれだけで独立した研究テーマになりますが、詳細は割愛すると、大まかには太陽表面の一平方メートルあたり毎秒10^3～10^4ジュールのエネルギーがコロナへ供給されることが必要であることが分かります。

なお、毎秒一ジュールという量は電力でおなじみのW（ワット）という単位に相当します。コロナを維持するのに必要なエネルギー供給量は一平方メートルあたり10^3～10^4ワット、つまり百ワットの電球なら十～百個分ということになります。太陽で生じている莫大《ばくだい》なエネルギーに比べてずいぶん小さな量だと感じるかもしれませんが、これはコロナが非常に希薄であるため、わずかなエネルギーでも高温になることができるからです。

光球面にはこれだけの非熱的エネルギーがあるのでしょうか？　答えはもちろん「ある」です。それは対流しているガスの運動エネルギーです。図7は太陽表面の対流の様子を写真に捉《とら》えたもので、明るい上昇流を暗い下降流が囲っている様子から「粒状《りゅうじょう》斑《はん》」と呼ばれています。光球はコロナよりずっと密度が高いので、この粒状斑が持っている運動エネルギーのほんの一パーセントほどをコロナに供給してやれば、コロナを百万度に維持するのに充分であることが計算できます。

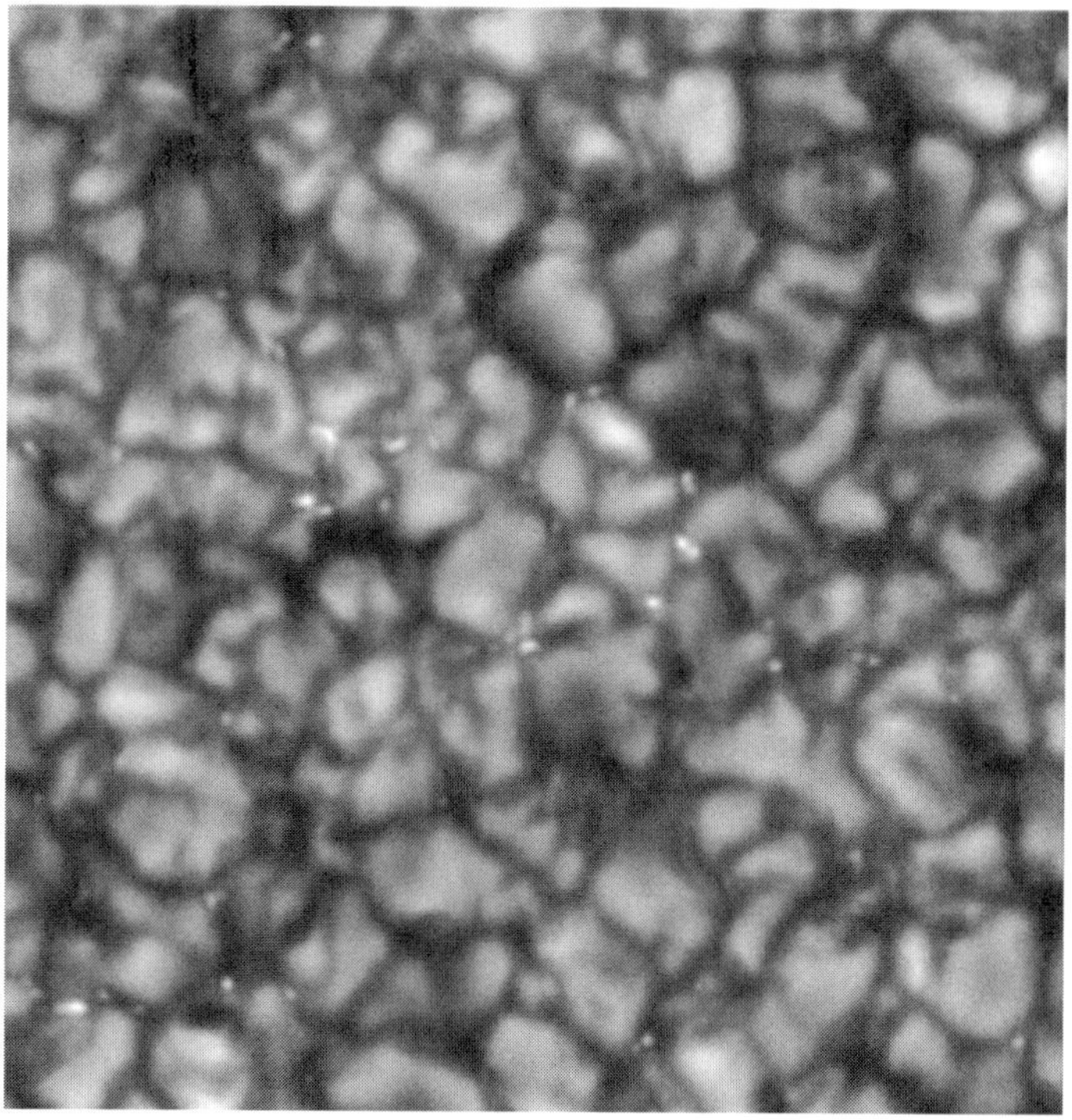

図7　太陽の光球。粒状斑と呼ばれる構造が見える。対流により上昇している高温部分が明るく、下降している低温部分が暗く見えている。粒状斑一つの大きさが直径1000km程度。（ひので衛星可視光望遠鏡 NAOJ／JAXA）

何を明らかにしたら問題解決？

非熱的エネルギーが充分あることが分かったので、これでコロナ加熱問題は解決でしょうか？　まだちょっと足りない気がします。次に出てくる問題は、光球の非熱的エネルギーがどのようにしてコロナに伝わっているのか？　という問題です。

コロナへエネルギーを伝える担い手として最初に候補に挙がったのは対流運動が引きおこす音波でしたが、実際に音波の強さを測ってみるとコロナを加熱するには充分な量ではないことがすぐに分かりました。その代わり候補に挙がったのが磁場です。

図8は、図1（20ページ）と図3（22ページ）と同じ日の太陽面上の磁場の分布を示したものです。磁場の分布で白い部分はN極、黒い部分はS極に相当します。図1、3、8をよく比べてみると、黒点がある部分は磁場が強く、その上空では特にエックス線が強く光っています。図8から黒点以外の部分にも弱い磁場があり、そういう場所からもエックス線は出ていますがその強度は弱いです。このことからコロナの加熱には磁場が関係していることが示唆されます。

さらに、エックス線の画像の明るい部分をよく見てみると、半円状のアーチのような構造が見えます。これはコロナループと呼ばれるもので、コロナ中の磁力線が可視化さ

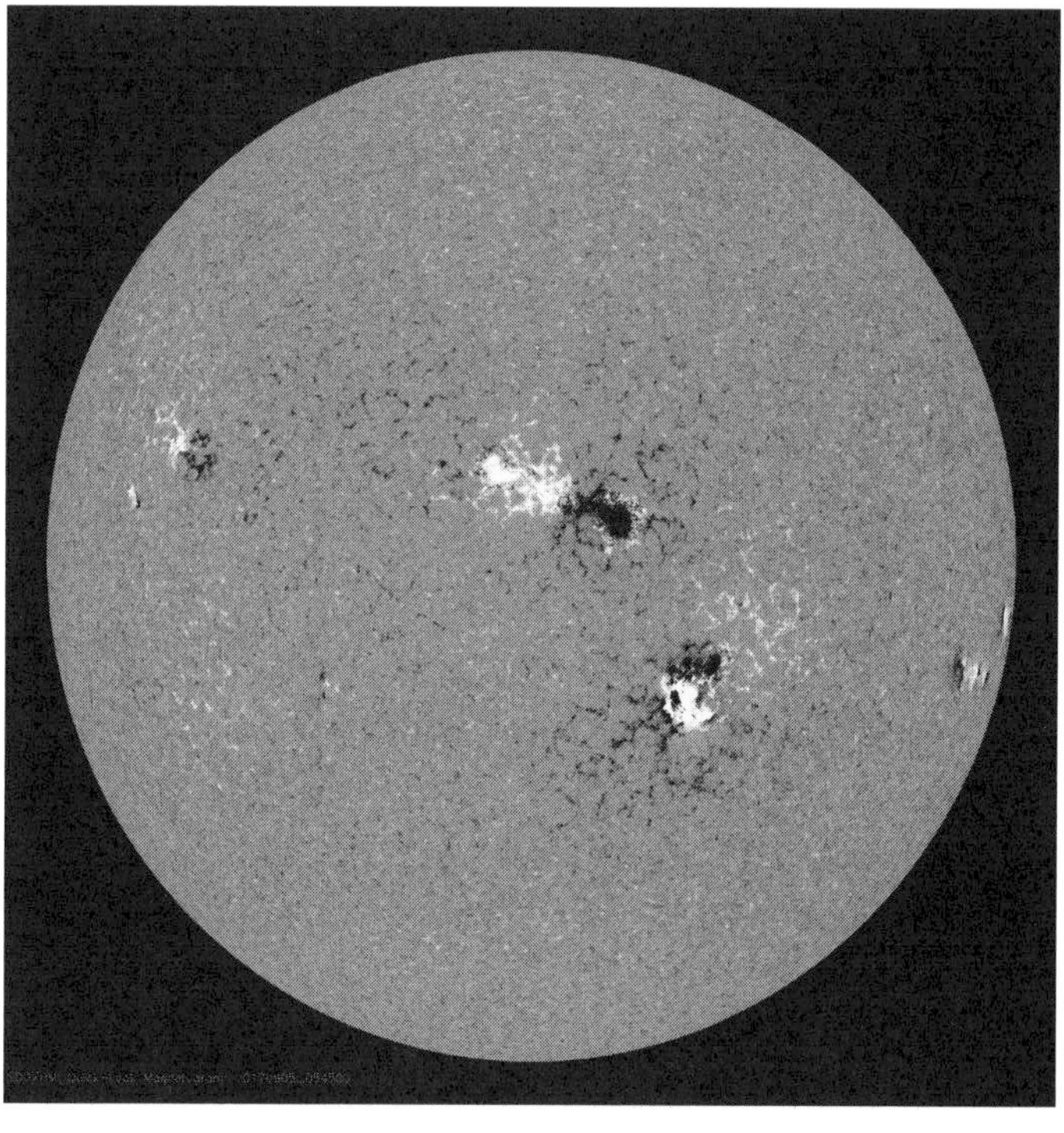

図8　2017年9月5日の太陽面の磁場分布（SDO／HMI NASA）

図9　極端紫外線で観測されたコロナループ（TRACE NASA）

れたものです。磁力線というのは磁場の方向を線で表したもので、磁石の周りに砂鉄をまくとN極とS極をつなぐ線が浮かび上がってくるアレです。図9は極端紫外線という波長の短い紫外線でコロナを観測したもので、コロナループがはっきりと見えています。どうやら磁力線に沿って加熱が起きているようです。

磁場は光球の非熱的エネルギーをコロナに運ぶ役割を果たすことができるのでしょうか？　先に説明したように光球には対流の運動があります。この対流が磁力線を揺らします。磁力線が揺れるということは、その場所の磁場が変化するということ、つまり磁石を動かすのと同じような効果があります。

コイルの近くで磁石を動かすと電流が流れる「電磁誘導」という現象の実験を、中学校くらいにやったことがある人は多いのではないでしょうか。この電磁誘導によって、磁力線が揺れるコロナ中には電流が流れます。

このことは、光球の運動エネルギーが磁場を介してコロナ中を流れる電流のエネルギーになっていること、つまり非加熱的なエネルギーが光球からコロナへ運ばれていることを意味しています。

ここまでで、非熱的エネルギーをコロナへ運んでいるのが磁場であることも分かりました。では一体コロナ加熱問題とは何が問題なのでしょうか？

今研究者たちが取り組んでいる問題は、コロナ中で電流のエネルギーがいかに熱に変わるのかということです。電流が熱に変わることは、電気ストーブやパソコンなどの電化製品が熱を持つことからも分かると思います。磁場が動くことによって電流を流し、それを熱に変えるというメカニズムは多くの家庭にある電磁調理器（ＩＨ調理器）と同じです。ＩＨというのは英語のInduction Heatingの略で、Heatingは加熱、Inductionは電磁誘導（electromagnetic induction）の「誘導」から来ています。電流が熱に変わるのは、電気を流す物質に電気抵抗があるためです。

電気抵抗のメカニズムは複雑ですが、大雑把には流れている電気と周囲の物質の間の摩擦のようなイメージを持てばよいと思います（あまり正確ではありませんがここでは深入りはしません）。

ところが物理学の理論では、コロナの電気抵抗は非常に小さく、電流が流れてもそれが熱に変わることはほとんど無いと考えられるのです。

物質は全て原子からできていますが、コロナのような高温ではほぼ全ての原子（太陽の場合はほとんど水素とヘリウム）がマイナスの電荷を持つ電子とプラスの電荷を持つイオンに分かれています。このような状態をプラズマと呼びます。プラズマ中では電子やイオンが動くことで電流が流れ、電流を担う電子やイオンが他の粒子と衝突することによって電流のエネルギーが周囲の粒子の乱雑な運動エネルギー、つまり熱に変わります。これが電気抵抗の正体です。しかし、コロナは大変希薄なので衝突があまり起きず、電気抵抗が極めて小さいはずなのです。電気抵抗が極めて小さいにもかかわらず、磁場（電流）のエネルギーがコロナで熱に変わっているのはなぜか。これが現代の研究者たちが取り組んでいるコロナ加熱の中心的な問題です。

この問題を解決するための理論はいくつか提唱されており、例えば磁場の変化が波として伝わる過程で衝撃波になることでエネルギーが熱に変わるという説や、磁気リコネクション（第2章で説明します）という現象で小規模の爆発現象が起きているといった説があります。いずれの場合も、エネルギー変換の現場は小さすぎて見ることができず、現場に行って確かめることもできません。

このため、研究者たちは、遠く離れた場所から観測して得られる間接的な情報からそれらの説のうちどれがより正しい描像に近いのか、理論と観測を突き合わせながらその確からしさを少しずつ積み上げてゆくという作業を繰り返すことになります。

何が重要な問題なのか？

これまで見てきたように、「コロナはなぜ熱いのか」という一つの問題をとっても、それに対する「答え」には様々なレベルがあります。コロナ加熱のような一つの謎からスタートして研究を進めると、どこかの段階であるレベルの理解に達します。ですが、大抵の場合そこにはまだ未解決の謎が残されています。あるいは、研究が進むことによって、今まで見えていなかった新たな謎が見えてきます。研究者はさらにその謎を追究することによって、その現象への理解をどこまでも深めてゆきます。これはおそらく終わりのない営みです。

研究によって一つの現象についてより深く理解するということは、素晴らしく心躍ることです。新しい発見をした研究者は、その瞬間、世界で誰も知らないことを自分だけが知っているという喜びを感じることもできます。たとえマイナーで多くの人の関心を惹《ひ》かないような問題であっても、今まで誰も知らなかったことを知らしめることは、人類が長年かけて積み上げてきた知の体系に新しい何かを付け加えるという意義があります。

しかし、残念ながらどのような研究でもその重要性が同じというわけにはいきません。

一つの研究テーマを追究することは、どんどん些細《ささい》で重要性の小さい問題にとらわれてしまう危険と隣り合わせです。

ある一つの対象、例えば太陽について研究を進めてゆくと、調べれば調べるほど次々と新しい謎が見つかり、その奥深さに魅せられてゆきます。それはとても楽しいことなのですが、その結果、太陽を研究している人にしか分からないような細かい問題ばかりに目を奪われてしまい、もっと広い視野で見た時に本当に重要で面白い問題なのかどうかが見えにくくなってしまうことがあります。

もちろん研究の重要性は一つの指標で簡単に測れるようなものではなく、普遍性、応用可能性、それまでの世界観をどれだけ更新したかなど、様々な評価の仕方があります。多くの人が重要だと思う問題が本当に重要だとも限りません。一見マイナーに見えるテーマの中に、とても普遍的で面白い問題が隠されていることもよくあることです。

先ほど挙げたコロナ加熱問題の例を思い出してみましょう。「熱力学の法則に反しているのでは？」「コロナにエネルギーを運んでいるのは何か？」といった基本的な問題に比べて、今研究者たちが取り組んでいる「プラズマ中の電気抵抗の起原」は少々細かい問題になってきているようにも思えます。ですが、実は「電気抵抗が極めて小さいにもかかわらず磁場のエネルギーが急速に熱エネルギー（粒子の運動エネルギー）に変わる」という現象は、太陽コロナだけではなく、他の恒星や銀河のプラズマ、オーロラの原因となる地球の磁気圏、核融合発電を実現するための実験炉内など、この宇宙の様々なスケールで起きていることが分かってきています。その視点から見れば、「プラズマ中の電気抵抗の起原」は太陽コロナ加熱という限られたテーマに残されたマイナーな問題ではなく、普遍性のある重要な問題であることが分かります。

研究とは既に提示されている問題の答えを見つけることだけではありません。この混沌として分からないことだらけの世界の中から「何が問題なのか」をうまく切り取ることが、研究における最初の、最も大切なプロセスです。そして多くの場合その問題への答えは一つに決まった正解という形にはなりません。むしろその問題への「よりよい説明」を探し、それを徐々に更新してゆくというのが実際に近いと思います。世界を理解するために問題をどのように切り取るか、その問題に対してどのような説明がよりよいと考えるか、そこに研究者のセンスのようなものが問われます。

宇宙物理学の場合は、宇宙における様々な現象に対して、物理学を使って説明を与えてゆくことになります。では「物理学を使って世界を理解する」ということがどんなことなのか、章を改めてもう少し詳しく見ていきましょう。

＊2 **「宇宙」という言葉の起源（14ページ）**

金木利憲、「『宇宙』の語源と語義の変遷」（明治大学日本文学、38, 1-16, 2012）によると、初期の「宇宙」の用例は中国の春秋戦国時代にさかのぼります。よく知られているのは「淮南子・斉俗訓」にある「往古来今謂之宙、四方上下謂之宇」で、宙は時間、宇は空間を表しています。「宇」「宙」ともに元々の字義は屋根の一部です。日本の文献で確認されている最古の使用例は『日本書紀』にあります。

v×B−η∇×B)

第２章

物理学を使って世界を理解するということ

自然法則を見つけようとする物理学

物理学の研究とは、自然の法則を見つけることだというイメージを持っている人が多いのではと思います。実際、物理学の最も重要な目標の一つは、様々な自然現象の根底にある法則を見いだすことにあります。そのような法則は、通常数学で表現されます。ニュートンの運動方程式、電磁気学のマクスウェル方程式、一般相対性理論のアインシュタイン方程式、量子力学のシュレディンガー方程式などが代表的なものです。

あらゆる自然現象は、いくつかの非常に基本的な自然法則に従って起きていると物理学は考えます。従って、それらの法則を表現する方程式（通常は微分方程式という形で書かれます）を用いると、ある物理量がどのように時間変化するかを計算することができます。

もちろん、今知られている法則が世界の全《すべ》てを記述する完璧《かんぺき》な法則なわけではありません。例えば、ニュートンの運動方程式は物体の運動を記述する正しい方程式だと考えられていましたが、実は物体の運動が光速に近づくと成り立たないことが後に分かってきました。つまりニュートンの運動方程式は物体の運動が光速よりずっと遅い時に「近似的に」成り立つ式であるということです。

物体の運動が光速に近い時もそうでない時も成り立っている自然法則としてアインシュタインが見いだしたのが相対性理論です。今のところ相対性理論が成り立っていない現象が確認されたことはないので、相対性理論は自然を「正しく」記述していると考えられています。ですが、マクロな時空の構造を記述する相対性理論は、物質を構成している素粒子など、量子力学で記述されるミクロな世界へ今のところうまく適用できないとされています。

ミクロな世界からマクロな世界にまで共通な一つの法則、世界の全てを記述するような方程式を見いだすことは、物理学の大きな大きな目標であり、今も世界中の研究者がその夢を追いかけて研究を続けています。

法則が分かれば世界が分かる？

では、全てを支配する自然法則が分かれば、世界の全てが分かったことになるのでしょうか？　実はそうとは言えないのです。ここで再び太陽の例に戻りましょう。

太陽では実に多様な現象が起きています。前章で取り上げた超高温のコロナと呼ばれる大気はその一つですが、それ以外にも、黒点、プロミネンス、フレア、コロナ質量放出など、ダイナミックで複雑な現象が常に起きています（49〜52ページの図10）。毎日同じように東から上って西に沈む太陽が実は日々刻々と変化する活動的な星であると明らかにしたのは、現代天文学の大きな成果です。

ここでちょっと思い出話をさせて下さい。私が高校を卒業して大学に入った当初は、先に書いたような宇宙の全てを記述する法則を見つけるような研究をしたいと思っていました。端的に言えば宇宙の究極の姿を明らかにしたいと思っていたのです。しかし大学三回生の時に、当時京都大学理学研究科附属天文台長だった黒河宏企《ひろき》先生のゼミで、可視光やエックス線など様々な波長で撮った太陽の観測動画を見せてもらい、実際に天文台へ太陽の観測にも行って、そのダイナミックな姿にすっかり魅せられてしまいました。今から思えば、私自身の関心が「宇宙の究極の姿」から「宇宙の複雑で多様な姿」へとシフトしてゆく最初のきっかけが太陽との出会いだったと思います。

三回生の時点では、まだ研究者として太陽の研究を専門にしようとまでは決めていませんでした。でももうちょっと太陽のことを勉強してもいいかなと思って、黒河先生の勧めもあり、四回生の時、その年京都大学へ着任したばかりの柴田一成《かずなり》先生のゼミで卒業研究をすることにしました。柴田先生は太陽を主な研究対象にされていますが、観測ではなく理論的な研究が主で、近くにあって詳しく観測できる太陽の現象を理解するこ

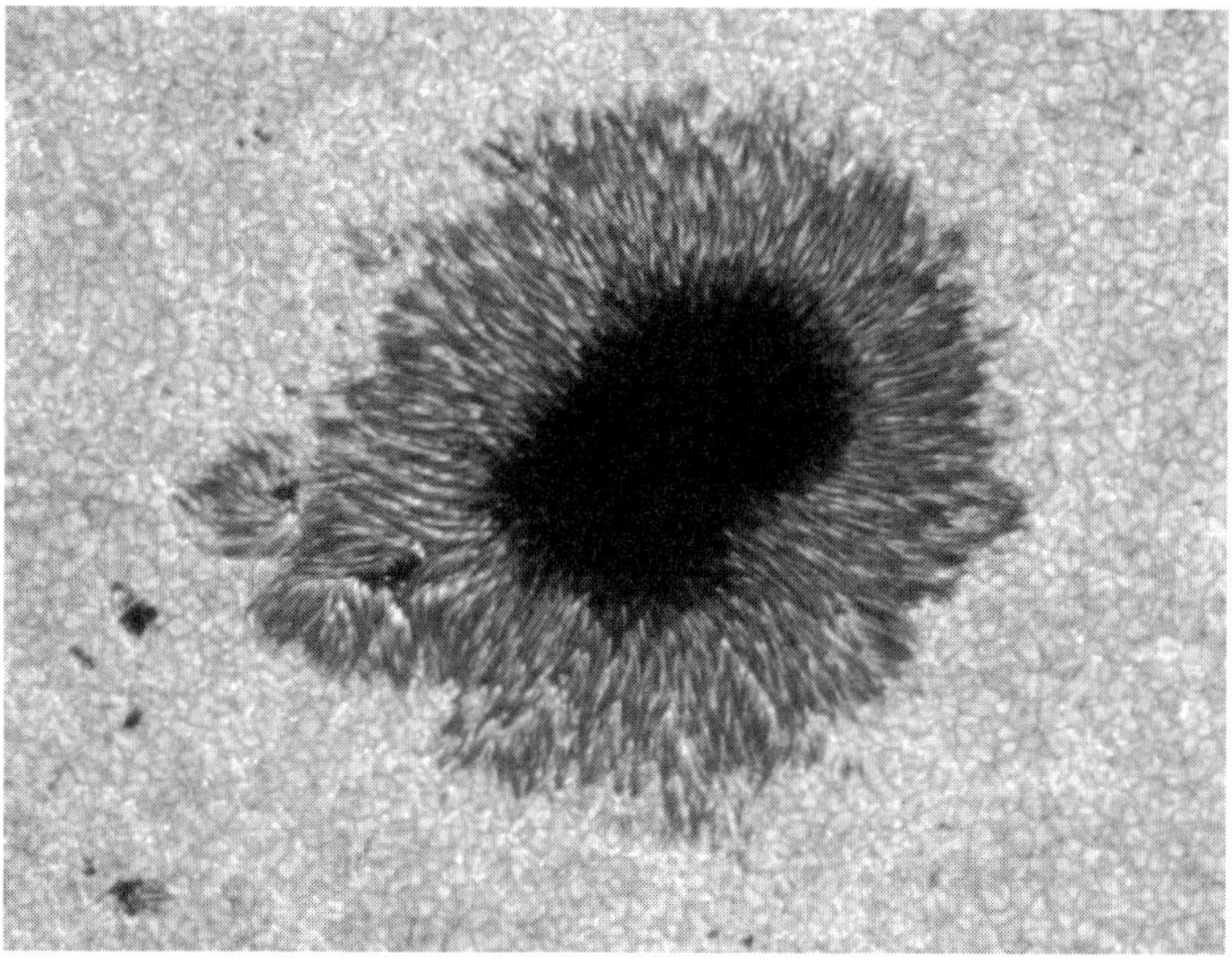

図10　太陽で起きている様々な現象

①　黒点。太陽の表面で強い磁場が集中している場所。磁場によって対流運動が抑えられることにより内部からの熱の供給が少なく、光球では温度が周囲より低いために暗く見える。(ひので衛星可視光望遠鏡 NAOJ／JAXA)

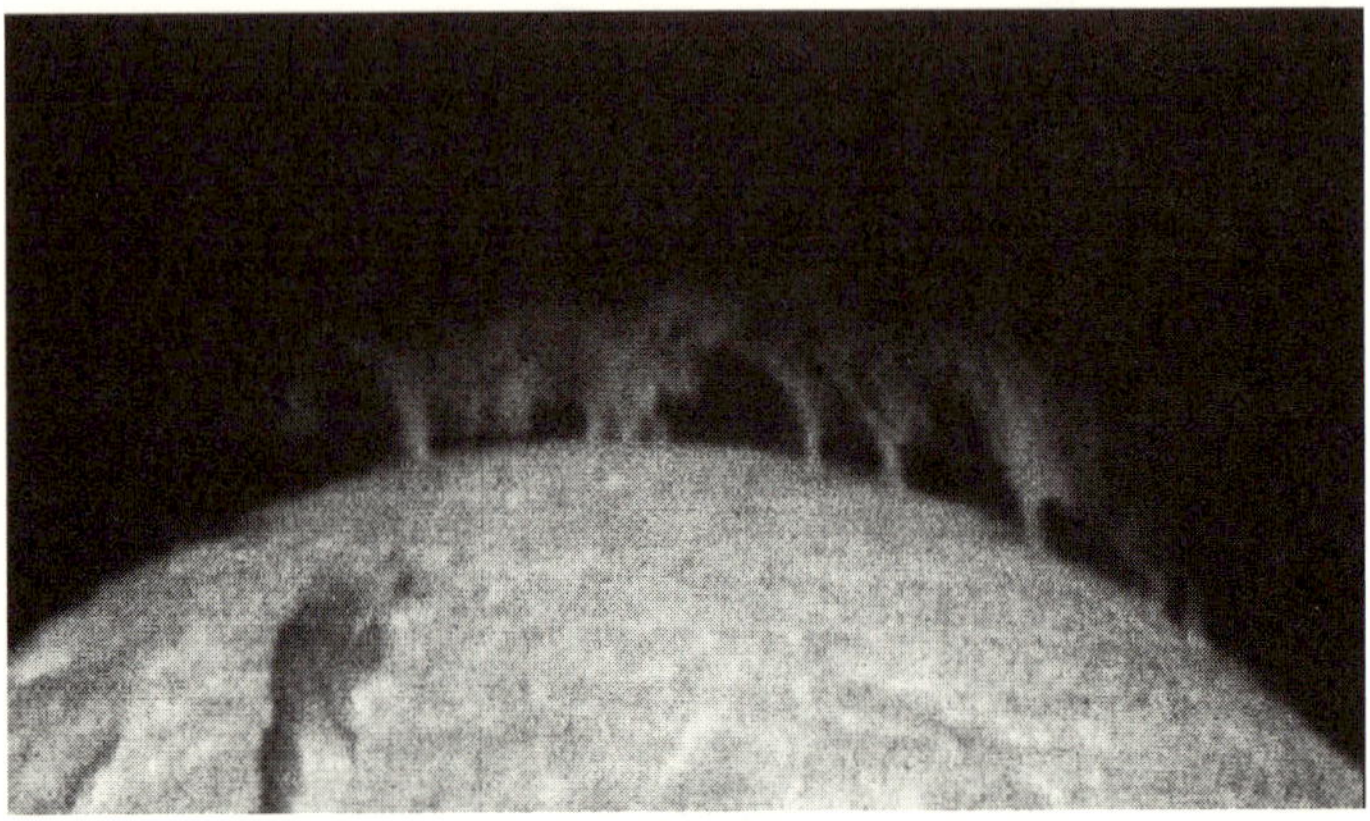

② プロミネンス。1万度程度の高密度のガスが磁場に支えられてコロナ中に浮かんでいる。（京都大学飛騨天文台）

とで、宇宙の様々な天体で起きている類似の現象も理解するというスタイルの研究者でした。それまで大学の授業で力学や電磁気学などの基礎的な物理学を勉強しながら、どこか与えられた数式を計算して問題を解いているだけのような感覚しか持てていなかったのが、柴田先生と議論する中で「物理学を使ってある現象を説明する」ことの面白さに開眼したことが、私の宇宙物理学者としてのスタートでした。

自然法則が分かれば世界が分かるのか？という問題に戻りましょう。

図10に挙げたような太陽で起きる様々な現象が、なぜ、どのようなメカニズムで起きるのか、ということを明らかにするのが太陽物理学者の目標です。

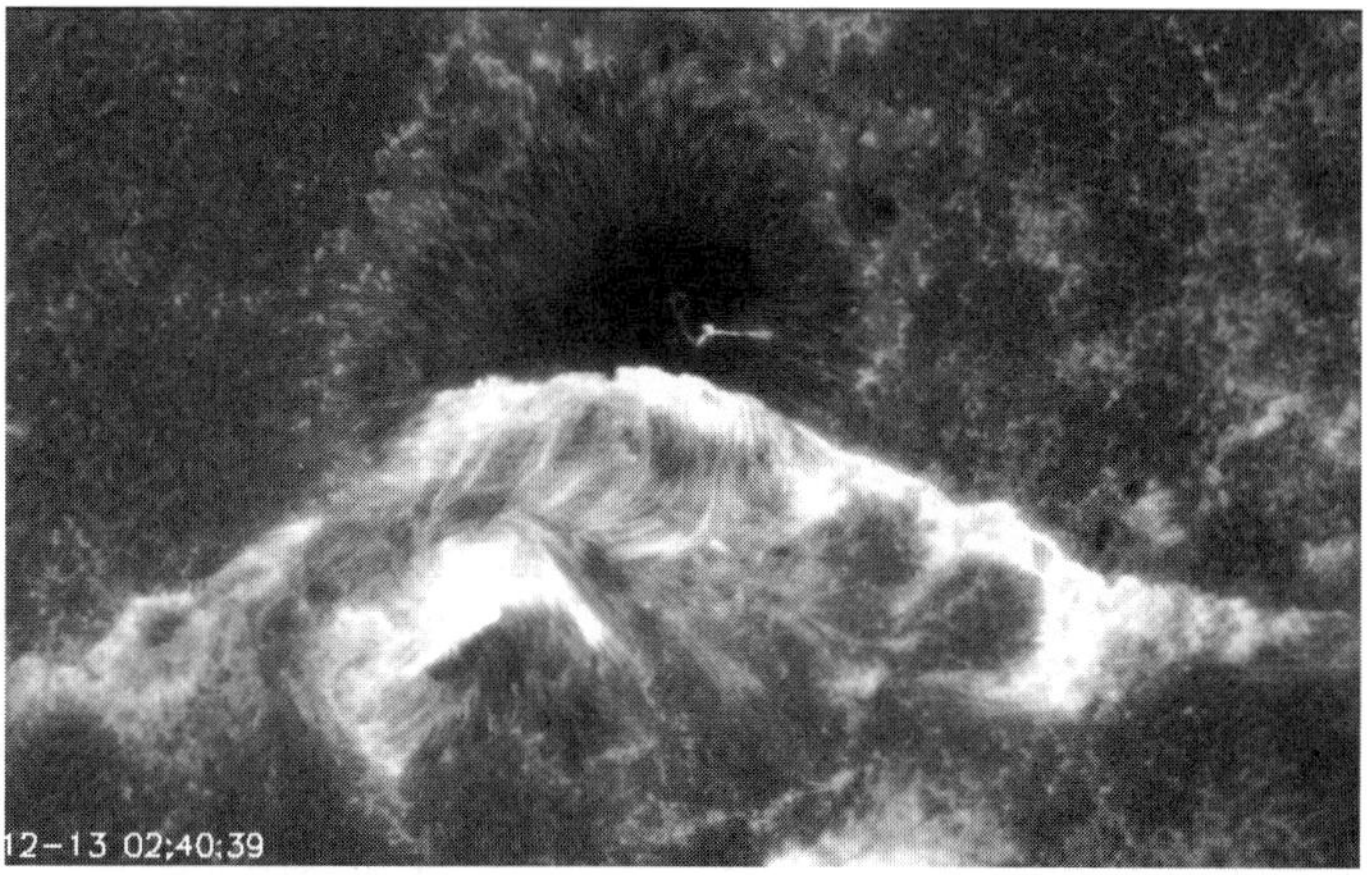

③　黒点の近くで発生した太陽フレア。（ひので衛星可視光望遠鏡 NAOJ／JAXA）

太陽[*3]というのは自分自身の重力で集まって回転しているプラズマの塊に過ぎません。プラズマは力学と電磁気学の自然法則に従うことは分かっていて、その振る舞いを記述する方程式も分かっています。望遠鏡で観測されるようなマクロな現象を記述するのは図11（55ページ）に示す磁気流体力学方程式というもので、お互いに関係している一揃《ひとそろ》いの方程式からなります。磁気流体力学という言葉をこの後何度も使いますので、以下は英語で磁気流体力学を表すMagneto-Hydro-Dynamics の頭文字をとってＭＨＤと書きます。

ＭＨＤの方程式は、数式に慣れない人にはすさまじくややこしい式に感じられると思いますが、簡単に言えば、プラズマと

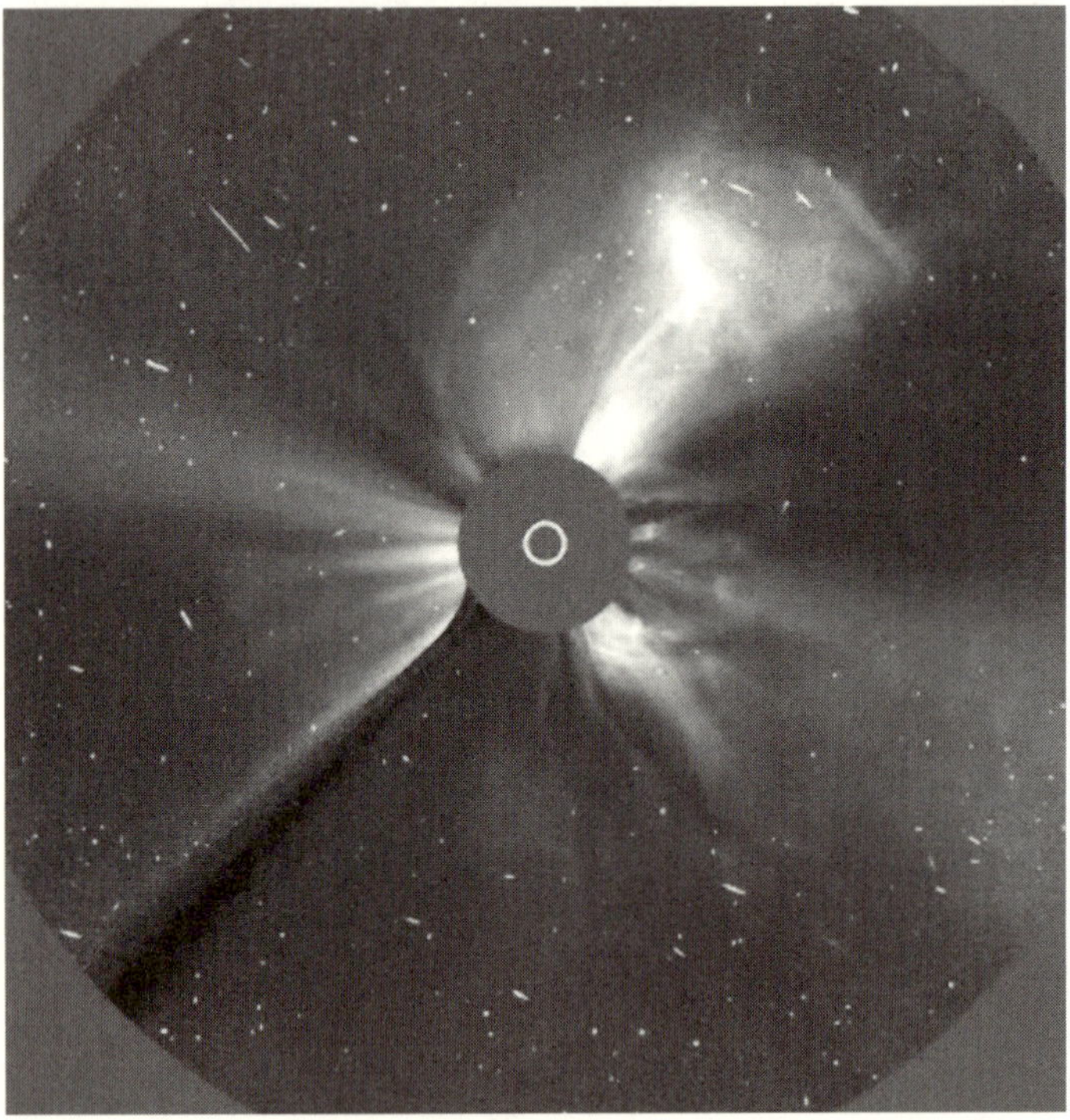

④　太陽フレアに伴って宇宙空間に放出されるコロナ質量放出。太陽面を隠して周囲のコロナと太陽風を見えるようにするコロナグラフという手法が用いられている。真ん中の白い丸が太陽の大きさを表す。（SOHO／LASCO NASA）

磁場の相互作用を記述する方程式です。磁場はプラズマに力を及ぼし、プラズマは磁場を変化させるので、磁場とプラズマはお互いに影響を与えながら時々刻々と変化します。その変化の仕方が、ＭＨＤ方程式で表されるのです。一つ一つの式のもう少し詳しい説明が欲しい人は註4を読んで下さい。

太陽で起きるマクロな現象を記述する基礎方程式はこのＭＨＤ方程式です。では、図10で示したような様々な現象はこの式に従ってプラズマと磁場が相互作用して起きていますと言われて、何かを理解した気になるでしょうか？　私はなりません。支配法則が分かっているということと、現象を理解するということとは同じではないのです。

これは、テレビの天気予報で台風の進路を説明する時に「流体力学の法則にのっとって台風は西の方向に曲がります」と説明されても何も分からないのと同じことです。その代わりに、「東側にある高気圧から押されて台風の進路は西側にそれます」という説明があると、少しは分かった気になります。もちろんこの説明でもなぜ高気圧は台風を押すのかという理由は分からないままです。その理由を理解するためには、流体力学の基礎方程式に立ち戻って考える必要があります。

前章ではコロナ加熱問題を例にして、ある現象の理解には様々なレベルがあること、何を明らかにしたらその現象を理解したことになるのかを見極めること自体が研究の本質的に重要な部分であることを述べました。以下ではこの点をもう少し掘り下げて、研究者がＭＨＤという物理を使ってどのように太陽の現象を理解しているのかを具体的に見ていきましょう。

黒点が出現するメカニズムを理解する

例として、太陽の表面に新しい黒点が出現する、という現象を考えてみます。黒点は何といっても一番古くから知られている太陽面上の現象であり、コロナ加熱や太陽フレアなどあらゆる太陽現象にも深く関《かか》わっていますから、それがどのようなメカニズムで太陽に出現するのかは、太陽に関心を持っている研究者にとっては極めて重要な問題です。まずは観測されている事実から整理しましょう。

黒点は太陽面のどこにでも出るわけではなく、赤道をはさんで南北半球の中緯度帯に出現します。図１（20ページ）でも、南半球に少し複雑な形をした黒点が、北半球には東西に並んだ黒点群が見えています。南半球の黒点群は非常に複雑なので（ちなみにこのような黒点群は太陽フレアを頻繁に起こします）、ここでは北半球の黒点群に注目し

(1)
$$\frac{\partial \rho}{\partial t} + \nabla \cdot (\rho \boldsymbol{v}) = 0$$

(2)
$$\rho \frac{\partial \boldsymbol{v}}{\partial t} + \rho(\boldsymbol{v} \cdot \nabla)\boldsymbol{v} = \frac{\boldsymbol{J} \times \boldsymbol{B}}{c} - \nabla p + \rho g$$

(3)
$$\frac{\partial}{\partial t}\left(\frac{p}{\gamma - 1} + \frac{\rho v^2}{2} + \frac{B^2}{8\pi}\right) + \nabla \cdot \left[\left(\frac{\gamma p}{\gamma - 1} + \frac{\rho v^2}{2}\right)\boldsymbol{v} + \frac{c\boldsymbol{E} \times \boldsymbol{B}}{4\pi}\right] = \rho \boldsymbol{g} \cdot \boldsymbol{v}$$

(4)
$$\frac{\partial \boldsymbol{B}}{\partial t} = -c\nabla \times \boldsymbol{E}$$

(5)
$$\boldsymbol{E} = -\frac{\boldsymbol{v} \times \boldsymbol{B}}{c} + \eta \boldsymbol{J}$$

(6)
$$\boldsymbol{J} = \frac{c\nabla \times \boldsymbol{B}}{4\pi}$$

図11　磁気流体力学（MHD）の方程式。上から順に（1）質量の保存、（2）運動量の保存、（3）エネルギーの保存、（4）電磁誘導、（5）オームの法則、（6）アンペールの法則、を表す。

ます。今度は図８（35ページ）に示した同じ日の磁場の分布を見て下さい。北半球の黒点群は、東側（左側）がＮ極（白）、西側（右側）がＳ極（黒）の磁場を持っていることが分かります。このように、黒点はいつもＮ極の磁場を持つ黒点とＳ極の磁場を持つ黒点のペアで出現します。南半球の黒点は複雑ですが、それでも磁場の分布を見るとＮ極とＳ極の両方があることが分かります。

図12は図９（36ページ）とほぼ同じ極端紫外線で太陽の縁の近くを観測したものです。はじめは何もありませんが、徐々に白と黒のループ状の構造が内部から浮き上がってきているのが分かります。この図では分かりませんが、このループ状の構造の足下にはこの後黒点が形成されます。このような観測から、黒点は内部の磁力線が浮上して形成されるのではないかということが推察されます。図13のようなイメージです（本当はこの図のイメージはこれ以外にもいくつかの観測的事実や理論的考察から来ているのですが、その詳細を説明するのはここでは本質的ではないので割愛します）。内部から浮上してきた磁場が表面に出現する領域を「浮上磁場領域」と呼びます。

浮上磁場領域で起きている現象はＭＨＤで説明できるのでしょうか？　ＭＨＤ方程式[*5]は非常に複雑なので、コンピュータが発達する前の研究者たちは、できるだけ式が簡単になるように現実よりもずっと単純な状況を仮定してＭＨＤ方程式を解き、その解

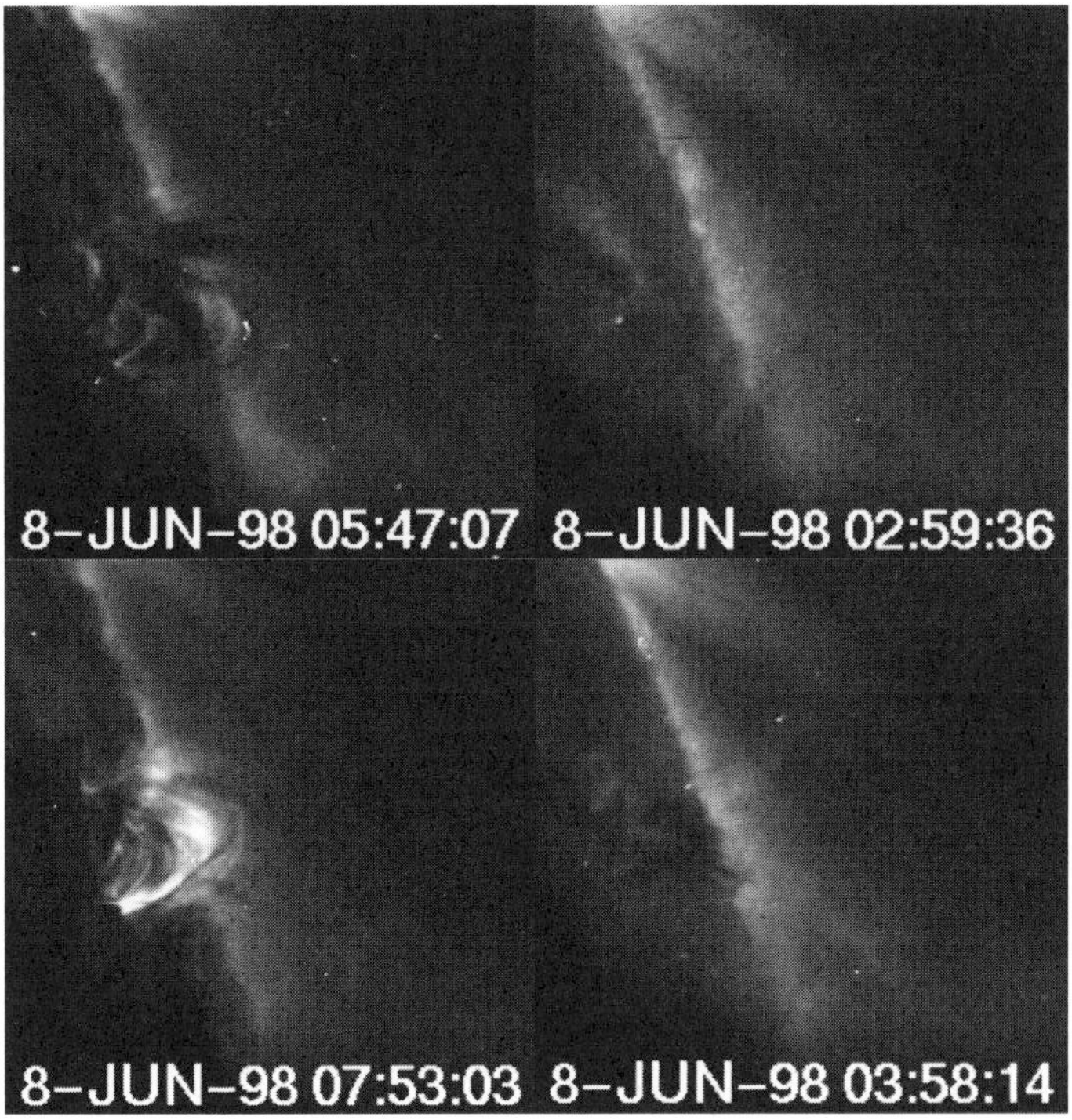

図12　太陽内部から磁力線が浮上してくる様子（TRACE NASA）

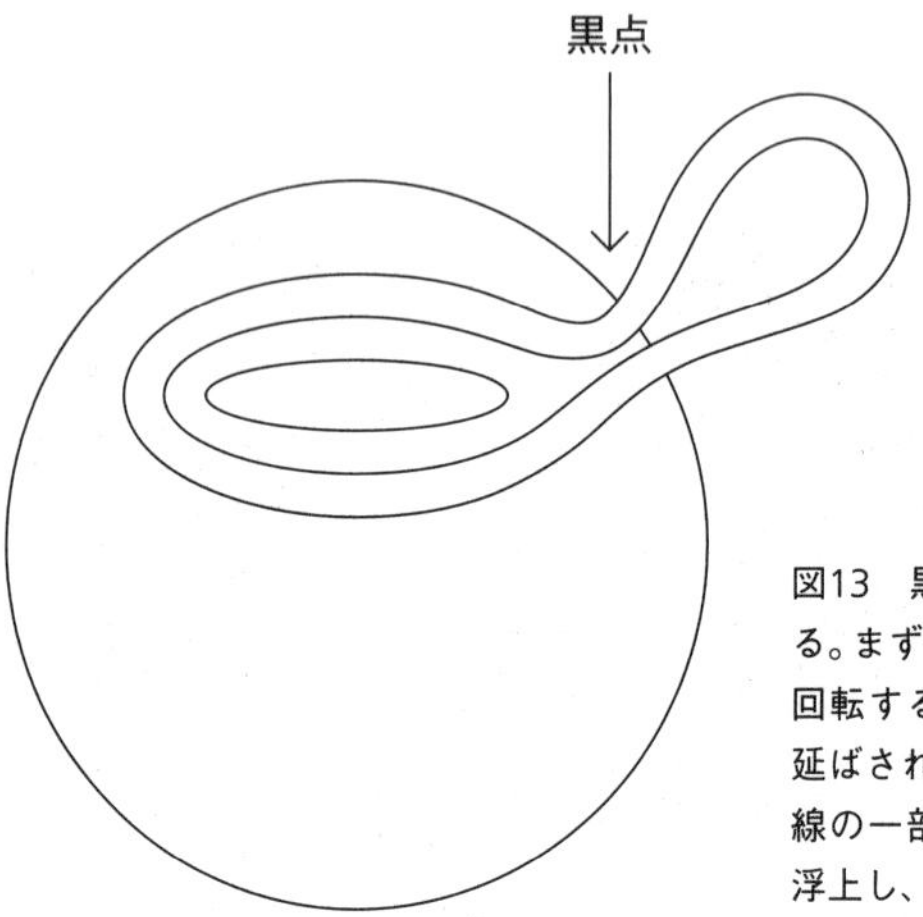

図13　黒点はこんな風にできている。まず太陽の内部が異なる速さで回転することにより磁力線が引き延ばされてドーナツ状になる。磁力線の一部が内部から太陽の外側へ浮上し、太陽の表面と磁力線が交わった部分が黒点として見える。

の振る舞いを分析しました。現代ではコンピュータでＭＨＤ方程式の解を数値的に計算する「数値シミュレーション」と呼ばれる方法が用いられることが多いです。現象を記述すると考えられる基礎方程式の解でその現象を擬似的に再現（シミュレート）する方法です。

数値シミュレーションにはいろいろなやり方がありますが、ＭＨＤシミュレーションの場合、通常図14（60ページ）のように再現したい空間を計算グリッドと呼ばれる格子状に区切ります。計算グリッド上の各点上で、プラズマの密度、温度、速度、磁場などの物理量がどのように変化するのかをＭＨＤに基づいて計算します。計算グリッドを細かくとるほど細かい構造まで再現できますが、その分計算量が増えますので、使用できるコンピュータの性能によってどこまで細かく計算グリッドをとれるかが決まります。

コンピュータが方程式を解いてその答えを教えてくれるなんて楽そうに思えますが、話はそう簡単ではありません。数値シミュレーションによって「答え」として計算機が出力するのは、計算グリッドの各点上の物理量の時間変化を表す大量の数字です。

計算グリッドを縦、横、高さの方向にそれぞれ千個程度区切るような大規模な数値シミュレーションでは、ある時刻における一つの物理量の分布だけでも1000×1000×1000で、一〇億個もの数字が並ぶことになります。

複数の物理量の時間変化を調べようと思えば、その分だけ出力される数字も増えてゆきます。この膨大な数字の羅列から何か意味のある物理的描像を引き出すのが研究者の仕事です。

数字を眺めていてもそこで何が起きているかはなかなか分からないので、通常は「可視化」を行います。図15（61ページ）は、太陽表面のすぐ下に水平な磁力線の束があると仮定した時のMHDシミュレーションの結果を示したものです。図14では三次元の空間を格子状に区切っていますが、ここでは、三次元のシミュレーション結果は非常に複雑なため、奥行き方向の変化は無視した二次元の結果を示しています。

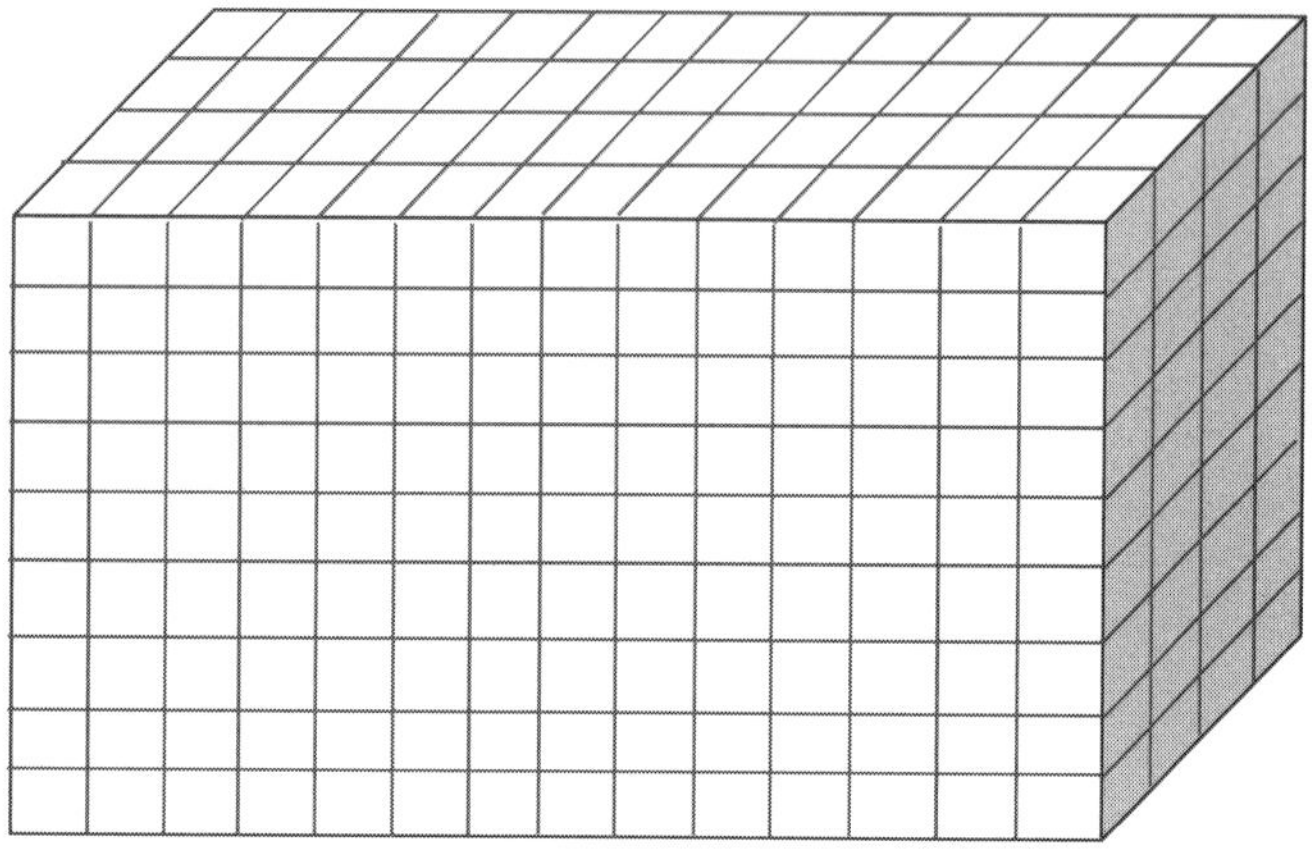

図14　数値シミュレーションのグリッド

磁力線の一部がループ状に膨らんで太陽の内部から顔を出し、上空に広がってゆく様子が見えています。これは図12（57ページ）で示した太陽表面で黒点が生まれつつある浮上磁場領域の様子とよく似ています。

ＭＨＤシミュレーションが実際の観測を再現できたと言えるでしょう。ですが、これでめでたしめでたしとは言えません。図15から分かるのはＭＨＤ方程式に基づくシミュレーションが観測と似たような様子を示したということだけであって、それで何か物理的なメカニズムが分かったことにはならないからです（にもかかわらず、「シミュレーションで観測を再現しました」以上の内容がほとんどない論文も多く出版されていますが）。

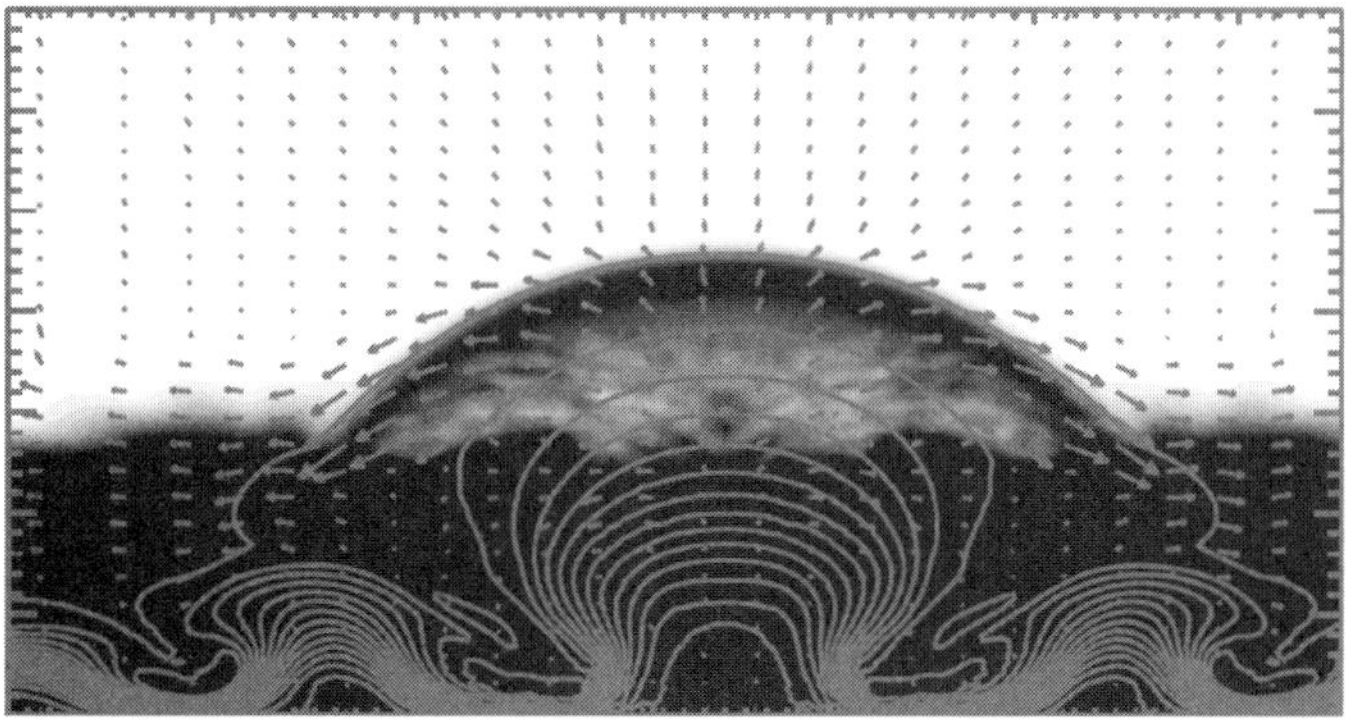

図15　浮上磁場領域の2次元MHDシミュレーションの結果を可視化したもの。グレーの曲線が磁力線、矢印はプラズマの速度、白黒の背景はプラズマの密度分布を表す。

研究者の腕の見せどころはここからです。観測とシミュレーション結果を見比べながら、MHDという物理学の理論を使って、対象としている現象をうまく説明するような物理的エッセンスを見つける作業をします。

図16（63ページ）はその物理的エッセンスを説明するための図です。こういう図を私の業界では「ポンチ絵（英語ではcartoon model）」と呼びます。物理的エッセンスを表現するのに、ポンチ絵はしばしば強力なツールです。

今、プラズマ中に水平方向の磁場があると考えます。重力は下向きに働いているので、下に落ちようとするプラズマを磁場が支えているような状況です。この磁場の一部が何らかの理由で少しだけ持ち上げられたと仮定します。磁気流体力学の方程式によれば、プラズマは磁力線に対して垂直方向には力を受けますが、磁力線に平行な方向には力を受けません。このため、磁力線の一部だけが上昇すると、図16の下の図のようにプラズマが磁力線に沿って滑り落ちます。すると、浮上している部分の頂上はプラズマの密度が小さくなるので、浮力が働いてさらに上昇しようとします。

その結果、磁力線はギリシャ文字のΩ《オメガ》のような形をしたループ（半円弧）状になって上昇してゆきます。この現象は、最初に提唱したアメリカの宇宙物理学者、ユージン・パーカー博士の名をとってパーカー不安定[*6]と呼ばれています。

ここまで来てようやく、図12（57ページ）で示したような浮上磁場領域で起きていることを、「ある程度は」物理学を使って理解したと言うことができます。

もう少し深く理解してみる

コロナ加熱のところでも説明したように、複雑な自然現象に対する説明は、どこまでも深く掘り下げてゆくことができます。この浮上磁場という現象についてもう少し深く掘り下げてみた、というのが二〇〇五年に京都大学に提出した私の博士論文でした。や

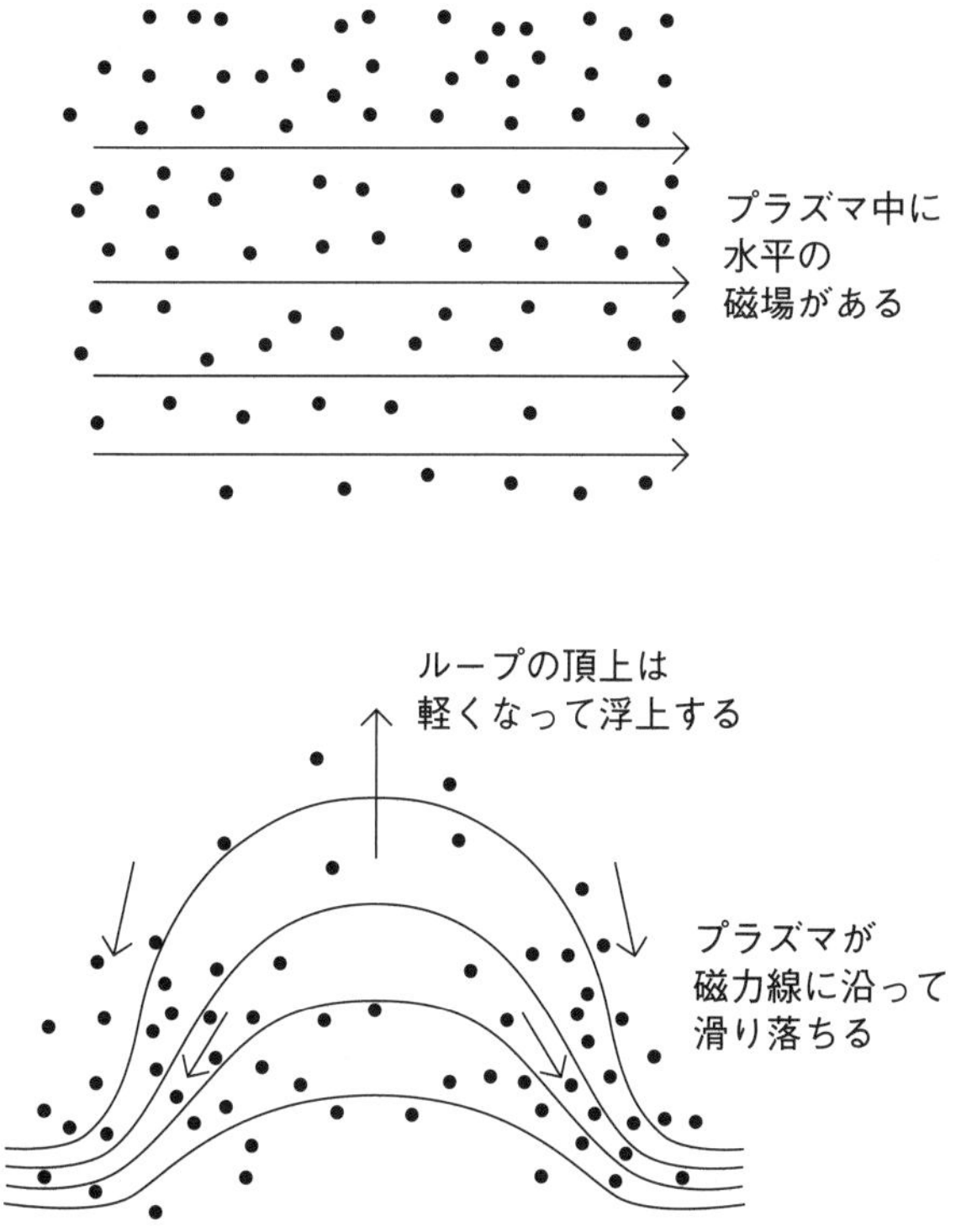

図16　パーカー不安定

や細かくて専門的になりますが、ある現象の理解を掘り下げてゆくということの例として、少しこの話を続けさせて下さい。

私が大学院生の時にやったのは、図15（61ページ）に示したような浮上磁場領域のMHDシミュレーションを三次元に拡張することです。図17にその結果を可視化したものを示します。三次元になるとデータの全貌の可視化が難しくなり、いろいろな物理量を違った方法で可視化してみることで、シミュレーションの中で何が起きているのかを把握します。

図17の上の図では、磁力線の一部と、断面の密度分布が表示されています。Ω《オメガ》の形をした磁力線ループが浮上してゆく様子は二次元の場合と大体同じですが、注目してほしいのは密度の断面図です。Ω[*7]型ループの一番外側に沿って高密度の層ができていることがわかります。そしてΩ型ループの中央を通る断面の密度分布を見ると、この高密度の層が何やらぎざぎざになっているように見えます。

図17の下の図は、シミュレーション結果の中で高密度の部分だけを表示させたものです（奥に磁力線も一部表示されています）。そうすると、Ω型ループに沿った細長い形状の構造が見えます。この高密度の細長い構造が、図12（57ページ）で示した浮上磁場領域で黒いループとして見えているものに相当します。図では示していませんが、この

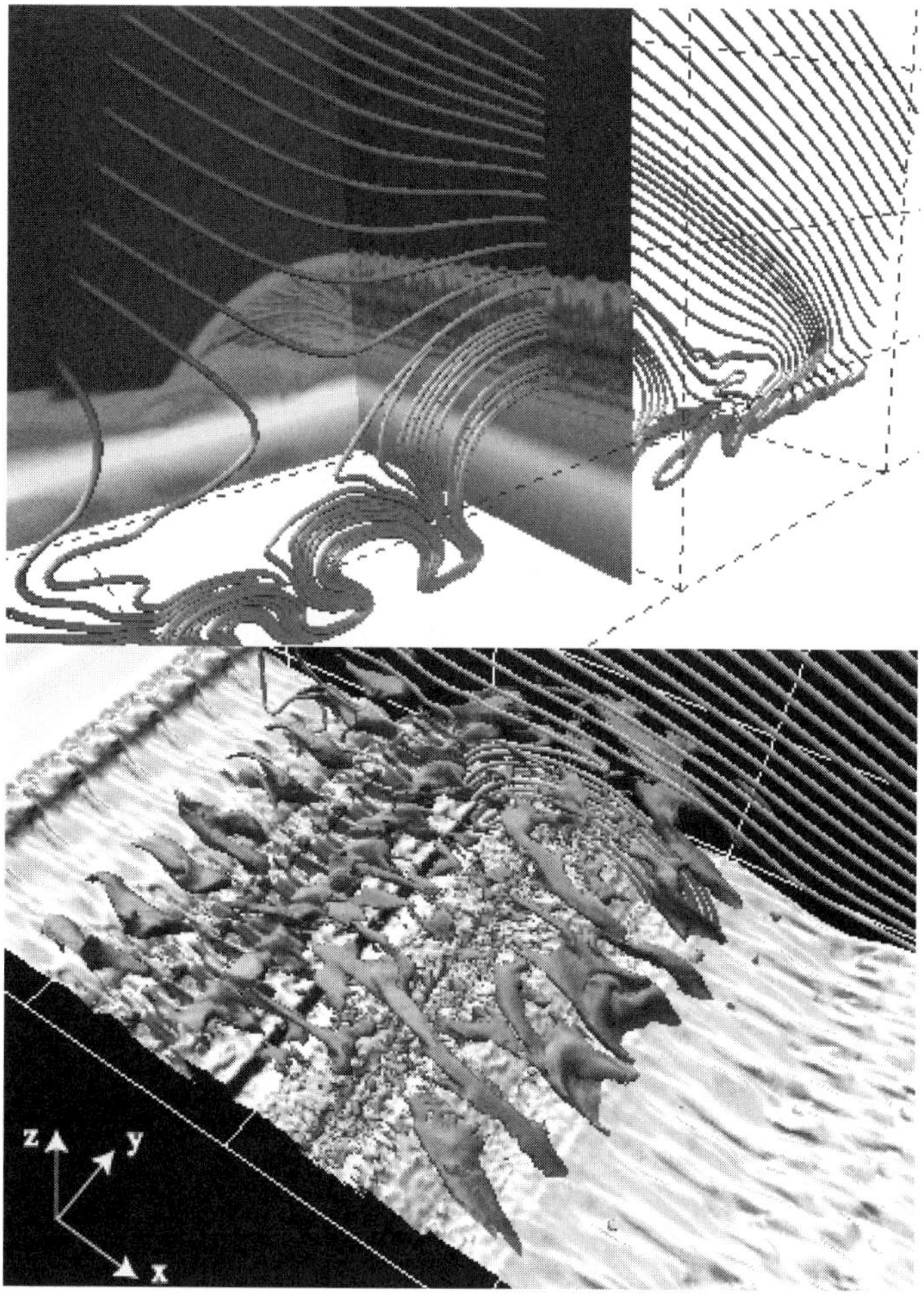

図17　浮上磁場領域の3次元MHDシミュレーションの結果を可視化したもの。
上：磁力線と断面のプラズマ密度分布　下：密度の濃い部分

細長い構造の間には強い電流が流れており、それが加熱を起こして図12で見えているような明るいループを作り出すと考えられます。

詳細はさすがに専門的になり過ぎるのでここでは割愛しますが、シミュレーション結果をさらに解析した結果、この細長い構造とその周りの電流を形成しているのは、「磁気レイリーテイラー不安定」という現象であることが分かりました。「レイリーテイラー不安定」は古くから知られている流体力学の基本的な現象で、重い流体が軽い流体の上に乗っている状態は不安定であるため、重い流体と軽い流体が入れ替わろうとする現象のことです。磁気レイリーテイラー不安定は、磁場が重いプラズマを支えることでレイリーテイラー不安定と同じような不安定な状況が生じる現象です。磁場が無い場合のレイリーテイラー不安定と違うのは、磁力線を曲げるのには力がいるため、重いプラズマと軽いプラズマが磁力線を曲げずに入れ替わろうとする結果、磁力線に沿った細長い構造がいくつもできることです。

重箱の隅？

このようにして、大学院生だった私は、太陽の浮上磁場領域で起きている現象に対して、磁気レイリーテイラー不安定という物理学の概念を使ってそれまでより一歩進んだ詳しい説明を与えることができました。大学院生になって研究を始めてから、自分が主著者のものとしては四本目の論文で、もちろん指導教員だった柴田一成先生や共同研究者になって下さった方々との議論を通じて仕上げた論文ではありますが、「こういう物理を使ったら現象を説明できるのでは？」という出発点から、「シミュレーション結果をどう解析すればこの物理的解釈の妥当性を示せるか」というアイディアを捻《ひね》るところまで、研究の根幹となる部分を自分自身でやり切ったという実感を持てた初めての論文だったので、今でも思い入れのある研究です。

この研究の主要な部分は二〇〇五年にイギリスの科学誌 Nature に掲載されて、新聞等でも少し報道してもらえましたので、自分自身の具体的な研究成果に研究者以外の人から関心を持ってもらえた初めての機会でもありました。

新聞に載ったのはもちろん嬉《うれ》しかったのですが、ある大手新聞が私の研究について報じた記事に「太陽表面、CGで再現」というタイトルをつけたのを読んでがっくりきたことをよく覚えています。CG（コンピュータグラフィックス）はシミュレーション結果の可視化には使っていますが、このタイトルだとCGで絵を描いたみたいに聞こえます。それにシミュレーションは現象の再現をすることが目的ではなく、そこから意味のある物理的エッセンスを見いだすことこそが大事だということは、まさにこの研究を通じて自分自身が学んだことなのですが、まだ大学院生だった当時は新聞記者とうまくコミュニケーションするスキルが足りなかったようでした。

私にとってこの研究は、著名な雑誌に掲載されて注目されたことも嬉しかったのですが、それ以上にこの章のタイトルである「物理学を使って世界を理解する」ということを自分自身の研究を通して体験することができたという意味で重要な意義を持つ、今でもお気に入りの研究です。

そのような個人的な思い入れはある一方で、少し引いた目でこれが学問としてどのような意味があるのかを考えた時、もちろん面白いし意味はあると思うのだけど、少々細かい問題に入り込んでしまったのではないか？　という疑問が当時の私にもありました。

前章でコロナ加熱について説明した際にも、一つの現象について理解を深めてゆくことはどんどん些細《ささい》で重要性の小さい問題にとらわれてしまう危険と隣り合わせであると書きました。

このままこの問題をさらに深く追究して行っても、まだまだ面白い発見はあるだろう。でもそれは、気づかないうちに重箱の隅をつつき出していることになりはしないだろうか？　その重箱は中身も箱もとても美しく興味深いもので、微に入《い》り細を穿って調べ尽くす価値はあるのかもしれない。でも世界にはこの重箱以外にもたくさんの謎《なぞ》や面白いものがあるはずじゃないか？　そんな疑問が、博士号をとったばかりの私の脳裏に時々浮かんでくるようになりました。

この疑問は、後に私が研究対象を宇宙物理学以外の分野に広げることにつながります。その話は次章で詳しくするとして、その前に「重箱の隅をつつくことにも意味がある」研究について述べておきたいと思います。

太陽フレア

次の話題は太陽フレアです。太陽フレアは日本語では太陽面爆発とも呼ばれ、太陽大気中で発生する爆発現象です。太陽で爆発というと核融合を思い浮かべる方もいるかもしれませんが、太陽フレアのエネルギー源は核融合ではなく、コロナ加熱と同じ磁場のエネルギーです。黒点周辺に磁場のエネルギーが蓄積し、それがある時突発的にプラズマの熱エネルギーや運動エネルギーに変換される現象です。プラズマのエネルギーはやがてエックス線や紫外線などの電磁波のエネルギーに変換され、私たちはこれらの電磁波の増光として太陽フレアを「見る」ことができます。

太陽フレアは太陽の様々な現象の中でも最も激しくダイナミックな現象で、多くの研究者がそのメカニズムの解明に取り組んできました。

宇宙には太陽以外にも様々な天体で、磁場とプラズマの相互作用による爆発現象が起きていることが知られています。

私たちの近くにあることで詳細な観測が可能な太陽フレアは、宇宙にあまねく存在する様々な爆発現象のひな型であり、太陽フレアを理解することは、はるか彼方で起きている宇宙の現象を理解するための基礎となります。

現在考えられている太陽フレアの描像を図18に示します。

簡単に説明すると以下のようになります。

まずコロナ中のねじれた磁場（プロミネンス）が不安定になって宇宙空間に飛び出そうとします。その結果、引き延ばされた磁力線がつなぎ換わる「磁気リコネクション」という現象が起きます。プラズマ中では磁力線はゴム紐《ひも》のような性質を持つので（この性質は磁気流体力学の方程式に含まれています）、つなぎかわった磁力線はまるでパチンコのようにプラズマを加速・加熱します。そうして磁場からエネルギーを得た熱いプラズマがフレアループとなってエックス線で強く光ります。また上方では磁気リコネクシ

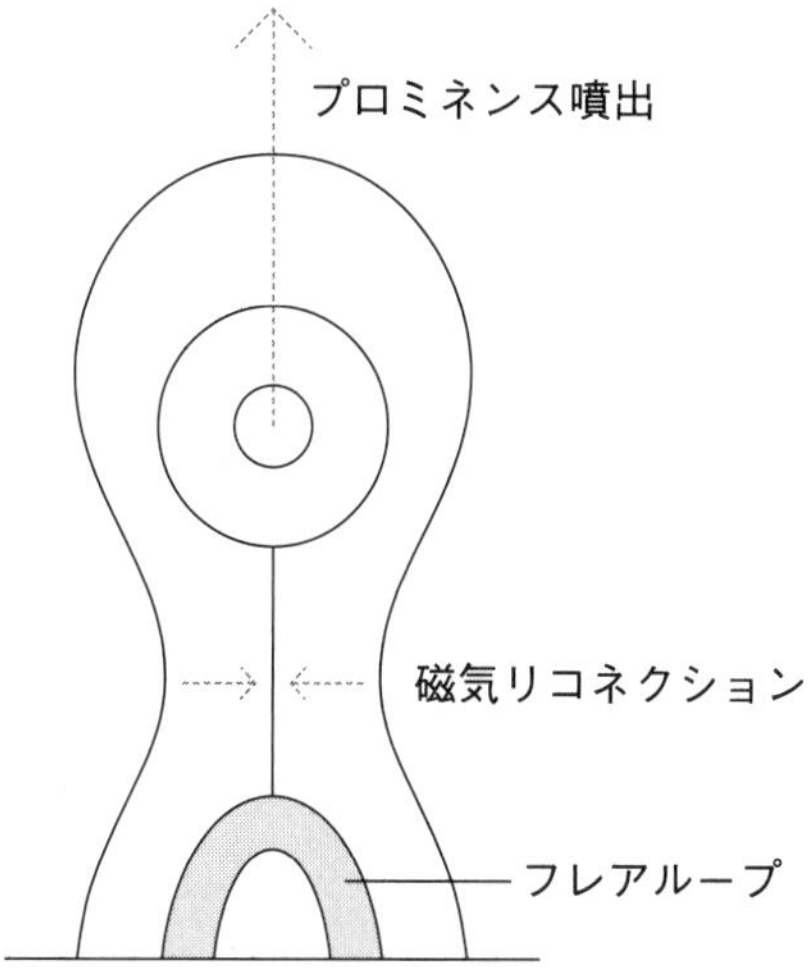

図18
太陽フレアの標準モデル

ョンによってさらに加速を受けたねじれた磁場とプラズマの塊（プロミネンス）が宇宙空間へ飛んでいきます。この磁場とプラズマの塊が宇宙空間へ飛んでいく現象を「コロナ質量放出」と呼んでいます。図10③（51ページ）の太陽フレア写真は、図18のフレアループの足下部分が光っているものです。図10④（52ページ）右下は太陽フレアから飛び出すコロナ質量放出です。

太陽フレアにはまだ未解明の問題があります。例えば、太陽フレアは地震と似ていて、たまったエネルギーがある時突発的に解放される現象ですが、この「突発的な解放」が、いつどのようなきっかけで起きるのかは分かっていません。また、磁場のエネルギーをプラズマのエネルギーに変換する鍵《かぎ》となる物理過程が先ほど出てきた「磁気リコネクション（磁力線のつなぎ換え）」なのですが、これはコロナ加熱問題と同じように、そのために必要な電気抵抗がなぜ生じているのか、といった未解決の問題を含んでいます。

これ以外にも、太陽フレアにはまだまだ分かっていない、面白くて重要な問題がたくさんあり、私自身を含め世界中の研究者が今も熱心に研究を続けています。太陽物理学の研究者たちの名誉のためにも、この点は強調しておこうと思います。

それを断った上で先ほどの「重箱の隅」問題に戻ります。図18のような描像は、「太陽フレアの標準モデル」と呼ばれています。標準モデルがあるということは、研究者の多くに共有されている「太陽フレアとは大体こういうものだ」という理解が既にあるということです。言い換えると、太陽フレアは標準モデルが成立するくらいには既に分かっている現象だということです。その意味で太陽フレアの研究を突き詰めてゆくことにも、重箱の隅をつつくことに陥る危険性があります。

ですが、太陽フレアの研究（広い意味では全ての太陽物理学の研究）をどこまでも突き詰めてゆくことには、他の分野へも波及効果があるような普遍的な物理学の解明につながったり、私たちの世界観を変えてくれたりといったインパクトがたとえ無かったとしても（繰り返しになりますが、太陽フレアの研究にそのような意義が無いと言いたいので

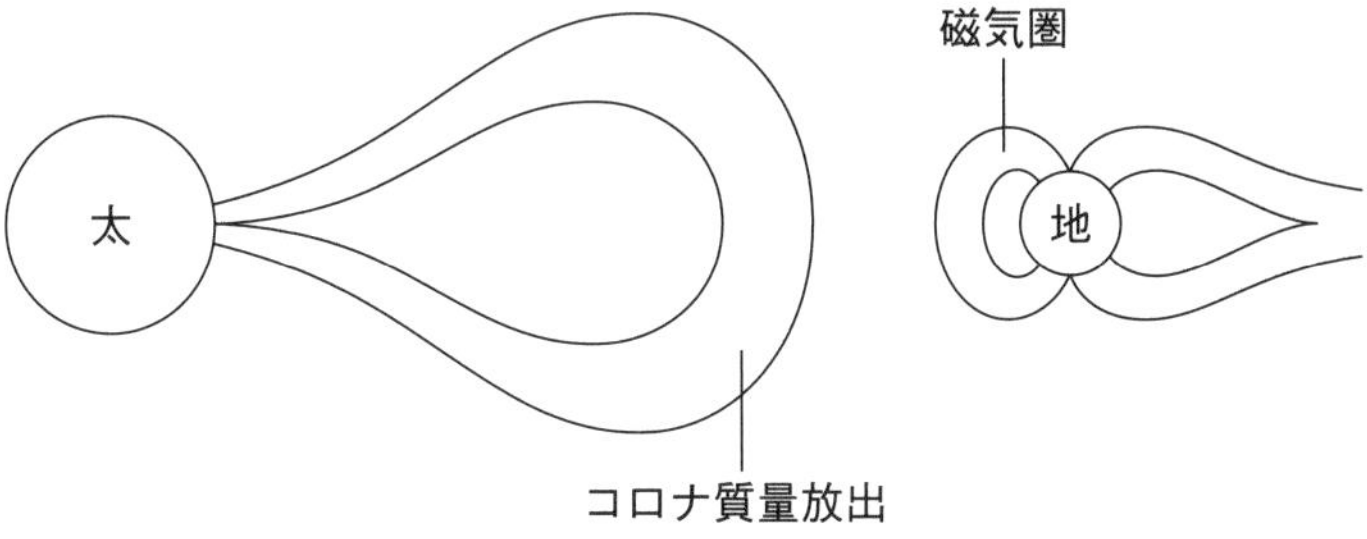

図19　太陽フレアの地球への影響。太陽から噴出したコロナ質量放出が、地球の磁気圏に衝突して地磁気嵐を引きおこす。

はなく、たとえ無かったとしても、という話です）、別の意義があります。それは社会的な要請に基づくものです。

宇宙天気予報：太陽研究への社会的要請

太陽フレアが起きると、エックス線や紫外線などの電磁波、高エネルギー粒子（放射線）、そして磁場を持ったプラズマの塊（コロナ質量放出）が宇宙空間に放出されます（図19）。それらは地球周辺の宇宙空間を乱し、人間の活動に様々な影響を与えます。太陽が主な原因となって宇宙空間の環境が変化することを、地上の天気になぞらえて「宇宙天気」と呼んでいます。

宇宙天気の人間の活動への影響を少しまとめておきましょう。

エックス線や紫外線は地球の高層大気である電離層で吸収されます。この時電離層の大気がプラズマ化することで、人工衛星と地上をつなぐ信号がこの層を通りにくくなります。

これが衛星通信・衛星放送や衛星測位（GPS）[*8]の障害の主な原因です。

また、高エネルギー粒子（放射線）は人工衛星の故障や太陽電池パネルの劣化の原因になる他、宇宙飛行士の被ばくの原因になります。放射線も地球の大気で吸収されるので地上にはほとんど影響はありませんが、航空機くらいの高度だと多少被ばく量が増えます。

普通の人が心配するほどの量ではありませんが、日常的に飛行機に乗るパイロットや客室乗務員は念のため被ばく量をモニターされています。

コロナ質量放出は地球の磁気圏と衝突して地磁気を乱します。これを地磁気嵐と呼びます。地磁気嵐が起きるとオーロラが発生する他、電磁誘導の原理によって地上の送電線網に大電流が流れ、変圧器などの故障を引き起こして大規模な停電を起こすことがあります。

太陽フレアの観測の歴史はたかだか一五〇年程度しかありません。その範囲で知られている中で最も大きなものが一八五九年に起きたいわゆる「キャリントンイベント」と呼ばれているものです。英国の天文学者キャリントンが望遠鏡で太陽黒点を観測している時に、黒点の周辺が可視光で強く光るのを発見したことからこの名前が付いたのですが、実はこれが史上初めての太陽フレアの観測でした。

この時のフレアに伴う地磁気嵐により世界的に低緯度地域でオーロラが観測され、日本でも現在の青森県、秋田県、和歌山県などで記録が残っています（関東や京都は天気が悪かったようです）。米国の試算によると、もしこの時と同じ規模の太陽フレアと地磁気嵐が今起きたらその経済的損失は2兆ドルに及ぶとされています。

近年起きた宇宙天気の影響でよく知られているのは、一九八九年に北米大陸で起きた大規模停電です。この時はカナダのケベック州を中心に極めて広範囲で停電が起きた他、米国のニュージャージーでは原発が緊急停止しています。

また、日常生活で意識することはあまり無いかもしれませんが、現代社会は人工衛星というインフラに大きく依存しています。

分かりやすいところでは衛星放送や天気予報に使われる気象衛星などです。

また、最近はカーナビやスマートフォンの位置情報サービスなどでGPSもかなり身近になってきました。GPSは飛行機や船舶の運航などにも使われており、現代社会に必須なインフラとなっています。太陽フレアは現代社会にとって深刻な災害になっているのです。

近年は民間企業による宇宙ビジネスも盛んになってきています。今後は人類の宇宙利用がますます増え続けるだけでなく、観光目的の宇宙旅行など、生身の人間が宇宙に行く機会も増えてくることでしょう。このため、いつ太陽フレアが起きるのかを予測し、宇宙天気災害に備えることの重要性が高まっています。

太陽の研究は、かつてはこの宇宙で起きていることを知りたいという知的好奇心に支えられた純粋な天文学研究でしたが、今は宇宙天気災害の防災・減災という社会的な要請のある研究になってきているのです。気象や地震といった分野に近づいてきたと言うことができるかもしれません。

純粋な知的好奇心に基づいてある現象について理解しようとすることと、その現象のメカニズムを少しでもよく理解して防災・減災に役立てるということは、どちらも意義のあることです。また、両者は全く別々のものというわけではありません。知的好奇心に基づく基礎的な研究が、防災・減災のような実用的な目的にも役立つことがあるのはもちろん、実用的な目的の研究にも、知的好奇心を大いに刺激するような発見がしばしばあります。

それでも、何が意義のある研究かということを考える時には、どちらの立場に立っているかによって評価は変わってくるでしょう。防災・減災のような社会的意義がある問題であれば、ある研究が限られた範囲の理解の積み増しであっても意義があるわけです。

ですが、宇宙天気予報のように社会的要請のある実用的な研究でならば少しの改善にも意義があり、純粋な知的好奇心のように実用目的でない研究であれば重箱の隅ではダメでもっと大きなテーマをやらなければ意義はない、と単純化してしまうのにも違和感を覚えます。

一つのテーマに集中するあまり視野が狭くなってその分野のことしか目に入らなくなるのはよくないことですが、どんなに小さなことでもそれまで知られていなかった世界の姿をほんの少しでも明らかにすることには、論文として残されるその研究の成果のみに留《とど》まらない、学問という営みの価値があるように私には思えます。まだその価値をはっきり言語化することはできていませんが、そのことを念頭に置きながらとりあえず先に進みましょう。

役に立つ研究とそうでもない研究

実用的で役に立つ研究とそうでない研究という話が出てきました。この話題は学問をめぐる最近の議論でよく出てくる話ですが、宇宙を研究するとはどういう営みであって、その学問の意義は何であるかという本書のテーマにも深く関係することなので、少し脇道にそれるようですがここで少し触れておこうと思います。

大学や公的な研究機関で行われている研究の多くには、公的資金、つまり人々が払った税金が充てられています。このため、産業応用やイノベーション、様々な社会課題の解決に直結する研究をすべきだという声が強くなっています。それに対して、すぐに役には立たないような基礎研究も（あるいは基礎研究こそが）大事だという反論がしばしばなされます。

公的資金が投入されている以上、社会への貢献が求められるのは当然のことですし、一方で基礎研究が大事であるという主張もその通りだと思います。両者とも重要であるという点には反対する人はいないと思いますが、そのバランスをどこでとるべきかという点については人によってかなり意見に差があるようです。

私自身は、役に立つという点で将来有望な研究に選択と集中が進んでいるここ二〇年ほどの流れよりはもっと基礎的かつ萌芽《ほうが》的な研究に広く研究費を回すべきであるという意見を持っており、一方で天文学のような学問はもう少し社会との関《かか》わり方を深めた方がいいのではと思っています。が、それはわざわざここで強調して言いたいことではありません。

ここで確認しておきたいことは、一見すぐに役には立たないようなことこそが将来大きく役に立つ可能性があるのだから基礎研究が大事だという主張は、時間スケールが違うだけで「役に立つ」ことを求めているのに変わりないのではないかということです。なお、「役に立つ」という意味を広くとれば「好奇心を満たす」とか「やってて楽しい」ということも役に立つと言えるわけで、そもそも役に立つ研究とそうでない研究の境目は明確ではないのですが、ここでは「役に立つ」とは、産業に応用して経済発展に貢献するとか、医療や防災など人々の生活に関係した様々な課題の解決に貢献するとか、そういった意味で使っています。

何かが役に立つのかどうかを判断するためには、前提としてそもそも私たちは何に価値を置きどういう社会を作ろうとしているのかを考えておかなければなりません。しかし「私たち」が誰のことを指すのかは、よく考えると自明ではありません。人々の価値観や望ましいと考える社会像は多様なのに、それを多数決で決めてしまっていいのでしょうか。また、科学技術がもたらす様々な利便性の裏で、何か損なわれてしまっているものはないでしょうか。このような問題を考えるという役割が人文社会系の学問にあります。いかに役に立つかではなく、そもそも人間にとって役に立つとはどういうことかを見直し、社会に向かって問いを投げかけ続けるという役割です。

では宇宙を物理学で理解することの意義や役割はどこにあるのでしょうか。

一つの考え方は、私たちの住んでいるこの宇宙のことを少しでもよく知ることそのものに価値があるというものです。少なくとも私自身はそのような価値はあると思いますし、同じように考えている人は一定数いるようです。ですが、それだけでいいのでしょうか。宇宙を探究することとそれ自体に意義があるということと、宇宙天気予報のように直接的に役に立つということの間に、もっと何かがあるはずです。

歴史学と天文学

太陽フレアと宇宙天気の話に戻りましょう。注目してほしいのは、ごく最近になって人間が大規模な送電線網や人工衛星などを使うようになるまでは、太陽フレアはオーロラを引き起こすくらいで、人間社会に被害をおよぼす自然災害ではなかったということです。

太陽フレアの頻度分布は地震のそれと似ていて、小さなものは日常的に起きていますが、規模が大きなものほど起きる頻度が低くなります。一八五九年にキャリントンイベントが起きてから約一五〇年の間、幸いなことに同規模のイベントが地球を直撃することのなかった間に、人類は宇宙天気災害に対して脆弱《ぜいじゃく》な社会を作り上げてしまったのです。

二〇一一年に起きた東日本大震災は千年に一度の規模だったと言われています。つまり千年に一度程度の低頻度で起きる大規模な災害は、深刻に考慮すべき災害であるということです。

しかし太陽フレアの観測の歴史はたかだか一五〇年ほどしかありません。「太陽フレアが最大でどれほどの規模になるのか」という問題は、防災の観点から極めて重要な問題であると同時に、太陽フレアの物理を理解するという観点からも大変興味深い問題です。

キャリントンイベントより大きな太陽フレアは起きるのか？

この問いに関する重要な研究成果が京都大学のグループによって二〇一二年に発表[*9]されました。

太陽ではなく、太陽に近い恒星の明るさの変化を大量に観測したデータから、キャリントンイベントの百倍から千倍ものエネルギーを持つ爆発現象「スーパーフレア」が多くの星で起きていることを示したものです。

回転速度など恒星としての性質が太陽に近い星でもスーパーフレアが観測されたことは、太陽でも同じことが起きる可能性があることを示しています。

同じく二〇一二から二〇一三年頃にかけて、名古屋大学を中心とするグループが宇宙線によって生成される放射性同位体の解析により、七七五年頃と九九四年頃に非常に短期間に大量の高エネルギー粒子（宇宙線）が宇宙から地球大気に飛来した証拠があることを発表[*10]しました。

この宇宙線大量飛来イベントの起源はまだ分かっていませんが、一つの可能性はキャリントンイベントを越えるような巨大太陽フレアです。

もし、この宇宙線イベントと同時期に巨大な太陽フレアが起きたという独立した証拠があれば、キャリントンイベントを越えるスーパーフレアが太陽でも起きることの強い証拠となります。実はそのような証拠が、歴史的な文献の中に残されている可能性があります。

このような背景から、私は数年ほど前から若手の大学院生や歴史学の研究者たちと歴[*11]史文献を使った過去の太陽活動の研究を進めています。以下では少しその紹介をしたいと思います。

自然現象を観察し、それらを記録に残してきたのは、科学者だけではありません。古代から様々な人々が残してきた自然現象の記録には、現代の自然科学にとっても大変有用なものが含まれています。文献に残された天変地異の記録は、地震や津波の研究ではしばしば活用されてきました。天文学の分野でも超新星爆発や彗星、そして太陽活動の記録が活用されています。

歴史文献に残されている太陽活動の記録には大きく分けて二種類あります。一つ目は巨大な黒点です。漢字文化圏の文献には「日中有黒子（太陽の中に黒い点があった）」などの記述が残されていますが、これは日没直前や薄雲を通して、肉眼でも見ることができるくらい巨大な黒点を観察して記録したものだと考えられています。

もう一つがオーロラの記録です。地磁気嵐が強いほどオーロラは低緯度に広がりますので、日本や中国など緯度の低い地域でのオーロラの観測記録は、強い地磁気嵐が起きたことを示唆し、強い地磁気嵐が起きたということは、大雑把には強い太陽フレアが起きたことを示唆します。[*12]

漢字文化圏では、オーロラと思われる現象は「赤氣」「赤雲」「白氣」といった言葉で記述されています。ただしこれらの記録は「空が光った」と述べているにすぎず、本当にオーロラだったかどうか分かりません。月の光を大気が散乱する現象や彗星《すいせい》が同じような言葉で記述されている例もあります。そもそも昔の人はオーロラの正体を知りませんでしたし、百年に一回のようなわずかな頻度で起きる巨大オーロラの場合、ほとんどの人にとって人生で一回見るかどうかという現象ですので、記述の仕方も様々です。

ある記録がオーロラであるかどうかを確かめるにはどうしたらいいでしょうか。図20は宇宙から見た典型的なオーロラの写真です。南極大陸をぐるっと取り囲む円のようにオーロラが光っています。このことから分かるように、発達したオーロラはある地域だけで見えるのではなく、地球上の広範囲にわたって出現します。従って、日本と中国、東洋と西洋など、遠く離れた二つ以上の地点で、同じ日付の観測記録があれば、それがオーロラである可能性が高いということになります。このため歴史文献中のオーロラサーベイにおいては、異なる地域の文献の記録を照合することが非常に重要です。

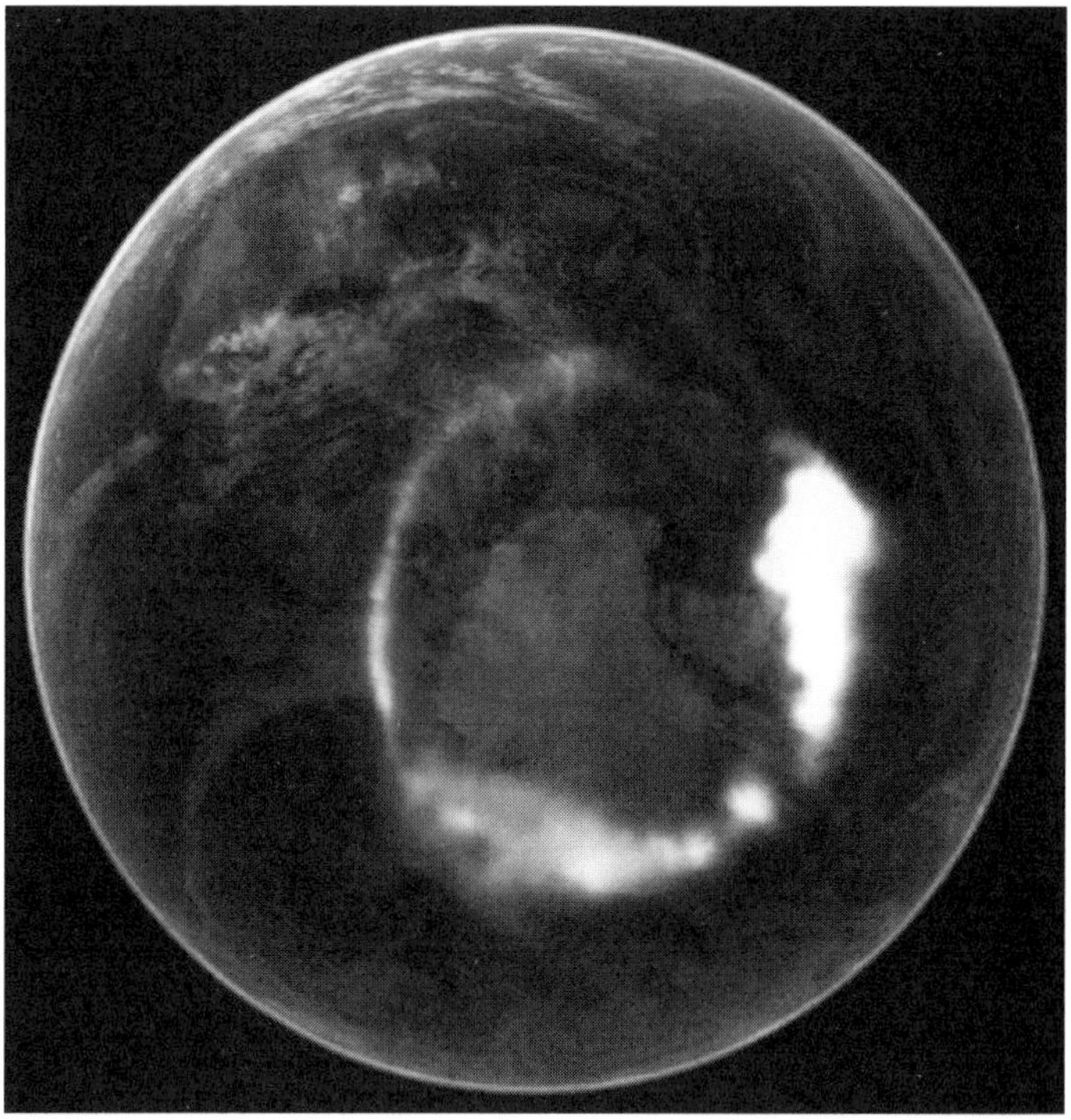

図20　宇宙から見たオーロラ(NASA)

また文献に書かれていることを自然科学のデータとして使うためには、実際に観測した自然現象の記録なのか、何か一般的な事柄として述べたことなのか、あるいは作り話なのかなど、情報としての精度を吟味する作業が必要です。これは、たとえ書かれている文字が読めたとしても、私のような自然科学者の手には負えません。

文献の書かれた文脈や時代背景などを含めて読み解くことができる人文系の研究者との密接な協力なくしてはできない研究です。

肝心の「スーパーフレア」は本当に太陽であったのでしょうか？

名古屋大学のグループが発見した宇宙線イベントのうち、今のところ七七五年頃の宇宙線イベントに対応する低緯度オーロラの明確な証拠は見つけていませんが、九九四年頃の宇宙線イベントに対応すると考えられるオーロラは、朝鮮半島、アイルランド、大陸ヨーロッパで同時期に観測されていたという例を発見しています。

また、一八世紀にも一八五九年のキャリントンイベントに匹敵するオーロラが起きていたことを歴史的記録から明らかにしたり、日付の分かっている記録としては最古となるオーロラの記録を、粘土板に楔形《くさびがた》文字で刻まれたバビロン天文日誌から発見したりと、ぞくぞくと面白い成果が出てきています。

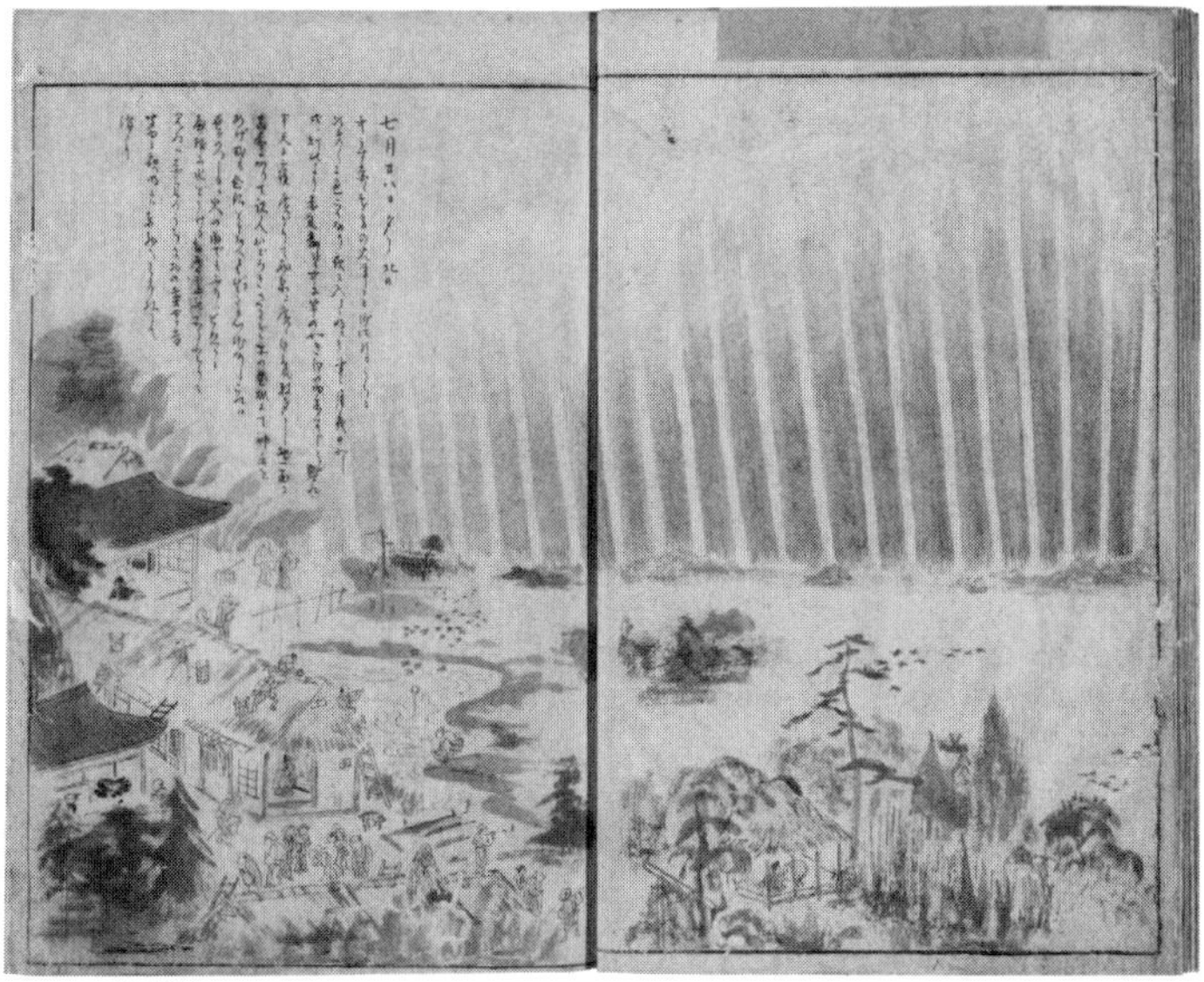

図21　猿猴庵《えんこうあん》随観図絵（国立国会図書館所蔵）

この研究の目的は、歴史文献の記録を太陽物理・宇宙天気の研究に役立てるだけではありません。これらの文献の中には、オーロラのような天変や地震のような自然災害に際して、人々がそれをどう受け止め、反応したのかについても記録されていることがあります。例えば図21（87ページ）は一七七〇年に日本全国で見られたオーロラとその時の人々の様子を、尾張《おわり》藩士の高力種信（一七五六〜一八三一）が絵と共に記したものです。絵の中には、赤いオーロラを見て火が降ってくると思ったのか屋根に水をかけている人や、神仏に祈りを捧《ささ》げている人、この世の終わりと諦《あきら》めてしまったのか横になって寝ている僧侶《そうりょ》などが活《い》き活きと描かれています。

このような記録を読み解いてゆけば、人々の自然観の変遷や災害と復興を通じた社会の変化といったことが見えてくるでしょう。この研究に参加している歴史学者たちの根本的な興味はそこにあると思います。そして、記録されている自然現象に詳しい自然科学者と共同研究することで、人々に影響を与えた自然現象の実態をよりよく理解できることは、歴史学者にとってもメリットがあるのだと思います。

私個人としては、歴史学者たちと共同研究することによって他では得られない太陽活動の記録を得ることができるのはもちろん嬉しいのですが、それ以上に大きな収穫がありました。それは、共同研究を通じて、歴史学者たちを研究に突き動かしているのが一体何なのか、何を心から「面白い！」と思って世界を見ているのかを垣間見《かいまみ》たことです。

もちろん歴史学を専門的に学んだことのない私に見えることはごく限られていたと思いますが、違う専門を持つ人の「面白い」への共感が増えることは、自分自身が世界を探り、把握するためのアンテナが増えることだと思うのです。

「物理学を使って世界を理解するということ」についての章でしたが、最後は物理学だけでなく歴史学と一緒に宇宙を理解する話になりました。ここらで一度章を改めて、物理学だけでは捉《とら》えきれない、「宇宙を学問する」営みへと話を広げていきましょう。

＊3 **太陽というのは自分自身の重力で集まって回転しているプラズマの塊に過ぎない（51ページ）** 厳密に言えば太陽を構成している粒子は全てプラズマ状態になっているわけではありません。また、中心部で起きている核融合、微量に含まれている鉄などの重元素の電離、プラズマ中の放射の伝搬など、磁気流体力学には含まれない物理現象も太陽では起きています。また、磁気流体力学方程式自身が、プラズマを構成する粒子の一つ一つの運動を追いかけるのではなく、たくさんのプラズマ粒子が集団的に振る舞う「流体」として扱えることを仮定した近似的な式です。太陽の現象が磁気流体力学で記述できるということ自身が、実は多くの研究によって徐々に明らかになってきたことです。ですがここでは「現象を記述する方程式

が分かっていても現象を理解したことにはならない」ということを説明するために、思い切って簡略化した説明をしました。

＊4　MHD方程式の一つ一つの方程式（55ページ）

以下は物理学の専門的な内容に関心がある読者に向けた説明です。

磁気流体力学の方程式は、地球上の空気や水の流れを記述するのと同じ「流体力学」の方程式と、電磁気学の方程式を組み合わせたものになっています。式(1)、(2)、(3)はそれぞれ「質量の保存」、「運動量の保存（運動方程式）」、「エネルギーの保存」を表していて、普通の流体力学にも登場する式ですが、そこに電場(E)や磁場(B)のつく項がいくつか入り込んでいます。また式(4)は磁場の変化を表す式で、電磁誘導の法則（またはファラデーの法則）と呼ばれます。式(1)～(4)が磁気流体力学の主要な式になります。記号の意味を書いておくと、ρはプラズマの密度、vはプラズマの速度、pはプラズマの圧力、gは重力加速度、Jは電流密度、ηは電気抵抗、γは比熱比、cは光速です。

本文中にも書いたように、プラズマとは原子がプラスの電気をもったイオンとマイナスの電気を持った電子に分かれたものです。つまり、プラズマ中の粒子は電気を持っていて、その粒子が動くということは電気の流れ、つまり電流が生じるということです。電流があるとその周りに磁場が生じるというのが電磁気学のアンペールの法則で、それは図11の式(6)に相当します。厳密なアンペールの法則は右辺に電場の時間微分の項がつくのですが、プラズマの速度が光速より充分遅い場合、その項は無視できるくらい小さいので近似的にゼロにしてあります。

また、多くの人は磁石の間にある導線に電流を流すと導線が動くという実験を理科の授業でやった経験があると思います。「フレミングの左手の法則」が出てくる実験です。これは、電流＝動いている電気を持った粒子は磁場から力を受けるということに対応しています。

第2章

物理学を使って世界を理解するということ

ローレンツ力と呼ばれるこの力のため、空気や水などの普通の流体が磁場を感じないのに対し、プラズマを構成する粒子は磁場から力を受けることになります。これが運動方程式(2)に磁場の効果が入っている理由です。同時に、プラズマの運動はファラデーの法則式(4)を通じて磁場を変化させます。つまり、磁場とプラズマはお互いに影響を与え合っています。この磁場とプラズマの相互作用を記述するのが磁気流体方程式というわけです。式(6)は電流と電場の関係を表すオームの法則で、ここに電気抵抗ηを含む項が入っています。

本文中では、「基礎方程式が分かっていてもその現象を理解したことにはならない」ことを説明する中で、太陽で起きる現象を記述する基礎方程式がMHD方程式だと書きました。厳密な意味ではこれは正確ではありません。プラズマの塊である太陽の現象を第一原理から記述する基礎方程式は、プラズマの一つ一つの粒子の運動を追いかける（相対論的）運動方程式と、粒子が作る電磁気学の法則であるマクスウェル方程式です。しかし、太陽に存在している粒子はそれこそ気が遠くなるほど膨大な数があり、一つ一つの粒子の運動を追いかけることはとても現実的ではないし、ほとんどの現象を理解するためには不必要です（部屋の中の空気の流れを記述するのに空気の分子一つ一つを追いかける必要がないのと同じです）。このため、プラズマ粒子一つ一つの動きを無視してひとかたまりの流体として扱うこと、アンペールの式で電場の時間微分の項をゼロにすること、粒子同士の衝突によって電流が散逸する効果を「電気抵抗」というパラメータに押し込めてしまうことなど、現実に対する様々な「近似」を行ったMHD方程式を用いることが多いのです。

一方、後の節で取り上げる太陽フレアが起きると、超高エネルギーの粒子（放射線）が発生することが知られていますが、そのような高エネルギー粒子の生成メカニズムを調べるためには、MHD方程式ではなく個々の粒子の運動を追いかける必要が出てきます。このように、ある現象への理論的説明を与えるためにどの方程式を使うかという選択の中に、既に「あるとができます。

現象を理解するための物理的なエッセンスを見いだす」という行為が含まれているということができます。

＊5

MHD方程式の解(56ページ)

MHD方程式は「微分方程式」という、プラズマの密度、速度、温度、磁場などの物理量の空間分布が時間と共にどのような変化をするかを表した式になっています。物理量を位置と時間の関数で表した時に、その関数がMHD方程式を満たせばその関数はMHD方程式の解であると言います。本文中の「コンピュータを使わずにMHD方程式を解いて分析する」という意味は、MHD方程式を簡略化して、コンピュータを使わずに数式で書けるような解(しばしば近似的な解しか見つけられません)を探し、その解がどのような振る舞いをするのかを解析するという意味です。大規模なコンピュータシミュレーションが可能になった現在でも、このような手法は物理的エッセンスを抽出するのに有効です。

＊6

パーカー不安定(62ページ)

物理的なエッセンスを見つけることがポイントであるということを説明するため、この分野の研究の歴史的な発展とは違う順番で説明をしました。実際には、計算機シミュレーションが発達する以前からパーカー先生は図15のような物理的現象があることを提唱していましたが、最初は太陽ではなく銀河系内の分子雲の形成メカニズムへの応用を意図したものでした。太陽表面に近い状況での数値シミュレーションを行って、パーカー不安定が太陽の黒点形成領域で実際に起きていることをよく説明する描像であることを示したのは柴田一成先生です。パーカー先生は、註5で説明したような紙とペンを使ったMHD方程式の解析によって様々な天体現象を理解するための基礎となるアイディアを数多く提唱した、「物理的なエッセンス」を見いだす天才のような研究者です。この本を執筆している二〇一八年に打ち上げられ、世界で初めて太陽表面から六〇〇万キロメートル（太陽半径の八〜九倍程度）まで近づいて太陽を観測する米国の宇宙機は、パーカー先生の名を冠して「パーカー・ソーラープローブ」と名付けられています。「ハッブル宇宙望遠鏡」など、研究者の名前を冠した宇宙機はいくつかありますが、存命している人の名前を冠したものは「パーカー・ソーラープローブ」が初めてです。

＊7 **Ω型ループ（64ページ）**
シミュレーション結果をさらに詳しく解析すると、この高密度の層ができる理由は以下であることが分かりました。まず、Ω型ループが上昇する時にもともとの水平な磁力線の上に乗っていたプラズマがΩ型ループの上部に掃き集められる効果があります。それと同時に、Ω型ループの内側は磁力線の曲がり方が強くプラズマが滑り落ちやすいのに比べて、外側のループは曲がり方が弱くプラズマが滑り落ちにくいという効果も働いています。

＊8 **GPS（74ページ）**
複数の人工衛星が発信する信号を受け取って地球上の位置を計算するシステムを一般に衛星測位システムと呼びます。GPSはGlobal Positiong Systemの略で、米国が開発・運用している衛星測位システムです。GPSは元々軍用のシステムですが今は民間にも信号を一部開放しており、私たちもその恩恵にあずかっています。ただしGPSは米国が恣意（しい）的に運用できるシステムですので、そのようなものに社会の基盤となるインフラを依存することを嫌って、ロシア、中国、そして欧州は独自のGPSのようなシステムの構築を進めています。日本は全球をカバーするような衛星測位システムを開発する代わりに、準天頂軌道という日本とほぼ同じ経度に留まるような特殊な衛星軌道を使って、少なくとも日本の近辺だけは独自のシステムで衛星測位を可能にしつつ、GPSを補強・補完する形で位置決

定精度を飛躍的に向上させるようなシステムの構築に取り組んでいるところです。

＊9 **「キャリントンイベントより大きな太陽フレアは起きるのか？」という問いに関する重要な研究成果(82ページ)**
Maehara et al. 2012, Nature, 485, 478

＊10 **八世紀後半と十世紀末、非常に短期間に大量の高エネルギー粒子が宇宙から地球大気に飛来した証拠があることを発表した論文(82ページ)**
Miyake et al. 2012, Nature, 486, 240; Miyake et al. 2013, Nature Communications, 4, 1748

＊11 **歴史文献を使った過去の太陽活動の研究(83ページ)**
この研究は歴史学を含む多くの共同研究者との協力で成り立っていますが、中でも歴史学が専門の早川尚志(ひさし)さんと、私と同じ太陽物理学が専門の玉澤春史(はるふみ)さんの二人の若手研究者の貢献は特筆しておきたいと思います。そもそもこの研究プロジェクト自体が、当時京都大学の大学院生だった二人の着想から始まっています。

＊12 **強い磁気嵐が起きたということ(84ページ)**
正確には、地磁気嵐が発達するためには、フレアから飛び出したコロナ質量放出の磁場が地球の磁場の方向(南極から北極へ向かう北向き)とは逆の南向きであることが必要です。なので大きな太陽フレアが起きたからといっても、磁場の向きによっては必ずしも地磁気嵐が発達するとは限りません。また、太陽フレアの強さは通常エックス線の強度で測るのですが、ごく稀(まれ)にですがこの意味での強い太陽フレアではなく、黒点から遠い領域で起き

て弱いエックス線しか出さないプロミネンス噴出によっても強い磁気嵐が起きることもあるので、解釈には注意が必要です。

第3章

コスモスからカオスへ

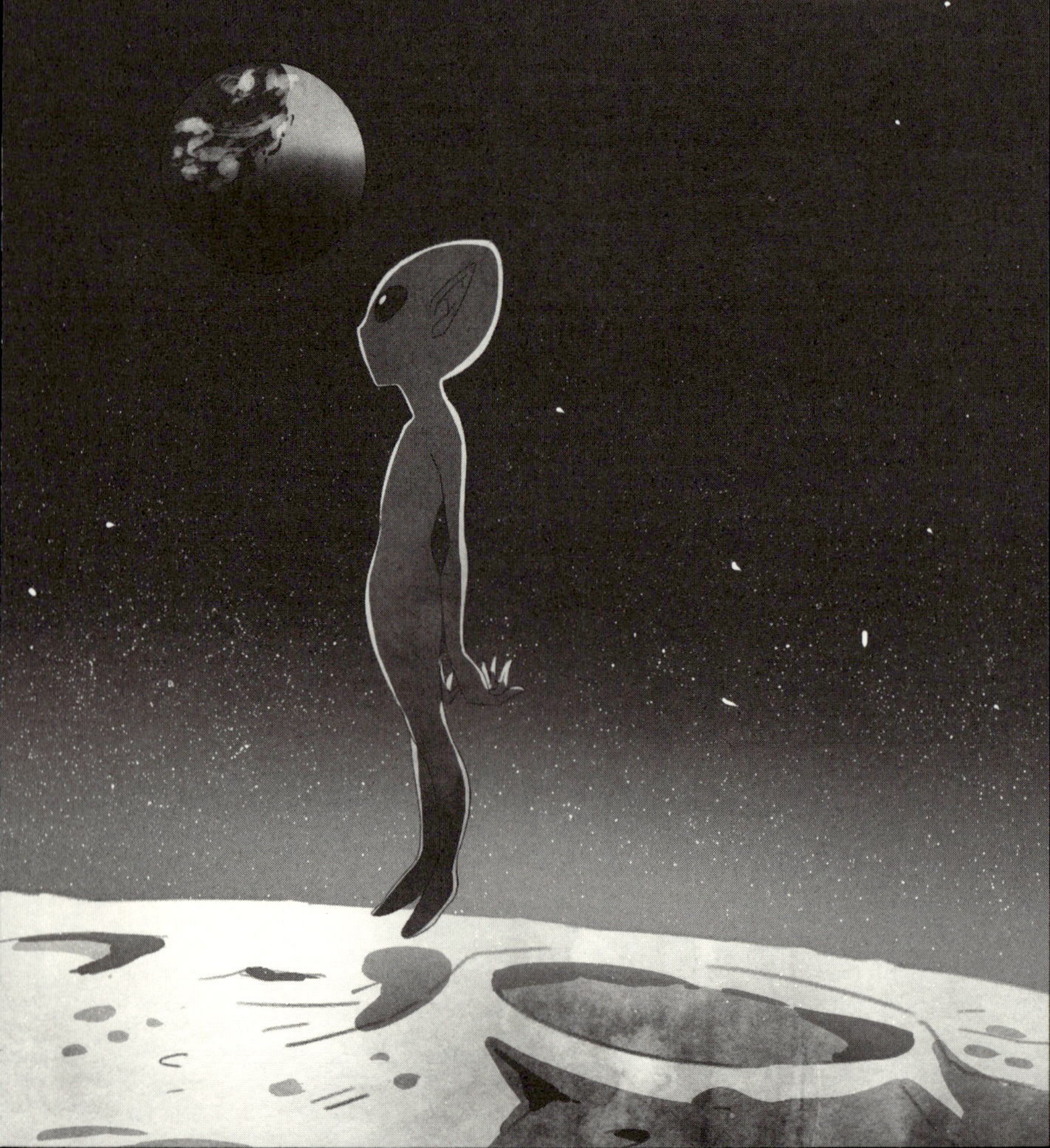

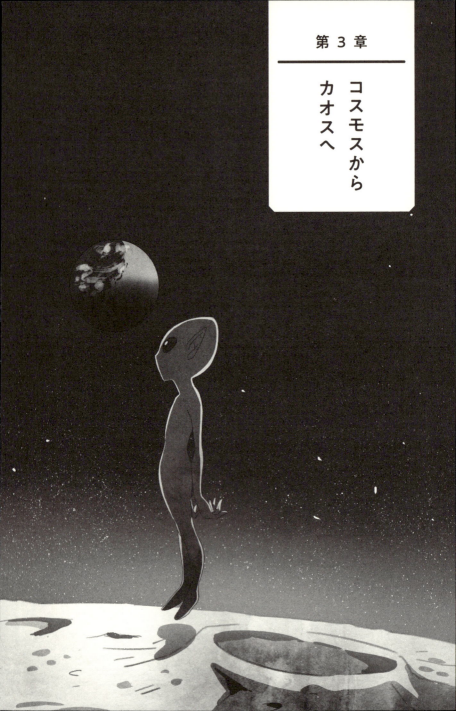

異世界としての宇宙

第2章では主に私の専門である太陽物理の話を取り上げましたが、その前に、太陽との出会いが、「宇宙の究極の姿」から「宇宙の複雑で多様な姿」へと私の関心がシフトしてゆく最初のきっかけであったと書きました。

第1章で説明したように、宇宙の意味で使われるコスモスという言葉の語源は調和や秩序を表す言葉で、コスモスの対義語が混沌《こんとん》を表すカオスです。

言うなれば私は、コスモスからカオスへと徐々に関心が移っていったと言えるかもしれません。

私が最初に宇宙に関心を持ったきっかけは星や星座の観察ではありませんでした。どちらかといえば自然に触れることよりも本を読むことのほうが好きだった子どもの頃の私を最初に宇宙に惹《ひ》きつけたのは、加古里子《かこさとこ》さんの『宇宙―そのひろがりをしろう』[*13]という絵本です。

その中の一ページに、オリオン座のペテルギウスやさそり座のアンタレスなどの赤色巨星が太陽と一緒に描かれたページがあります。太陽は直径が地球の百倍ほどの大きさがありますが、赤色巨星はその太陽のさらに数百倍の大きさがあり、絵本では紙面に入りきらないほどの大きさで描かれています。

当時おそらくまだ小学校一年生だった私はこの絵を見て、「世の中にこんなに巨大なものがあるのか！」という、恐怖と憧《あこが》れがないまぜになったような複雑な感情を持ちました。今もオリオン座を見ると、心の奥底に残っているあの時のザワザワした心がかすかによみがえってきます。

日常感覚をはるかに陵駕《りょうが》した存在が、近くに行ってその姿を見ることはできないだろうけど、でも確かにそこに存在していることに対する恐れと憧れ。自分の知っている世界とは全く違う世界が存在していることに対する不安と同時に感じる解放感。当時の記憶を言語化してみるとこんな感じだったかと思います。

中高生の頃に科学雑誌などを通して宇宙論や素粒子論などの物理学に出会い、宇宙物理学を志すようになりました。ですが、身近な自然とは正反対の異世界としての宇宙に惹かれたことが原点だったことは、調和のとれた美しいコスモスよりも、多様で複雑怪奇なカオスの世界への関心が移ってきたことにつながっているのかもしれません。

太陽で繰り広げられる磁場とプラズマの相互作用は大変複雑な現象ですが、宇宙には、もっと複雑で奇妙なものがいろいろあります。我々が知っている範囲で最も複雑なものは生命、中でも人間の営みではないでしょうか。そう思って宇宙の歴史を見返すと、それは複雑さと多様性を増大させてきた歴史のように思えます。ちょっとここで宇宙の歴史を振り返ってみましょう。

ビッグバンから人間まで

ご存知のように私たちの住んでいる宇宙はビッグバンから始まりました。

宇宙全体が人間の手のひらに乗るよりもずっと小さくて、高温高圧の状態から急速に拡大し始めたことをビッグバンと言っています。

なぜそういう始まり方をしたのかについては分かっていないことが多いのですが、そういう始まり方をしたという事実はかなり確かなものです。

ビッグバンで生まれたばかりの時、宇宙には水素とヘリウム、それにほんのわずかのリチウムという元素しかありませんでした。もちろん星はありません。

水素とヘリウムのガスが、宇宙全体にほぼ一様に存在しているだけです。

宇宙はどこに行っても同じような景色しかない、退屈な場所でした。

しかしこの退屈でのっぺりとした宇宙にも、ほんの少しだけガスの濃さにムラムラがありました。ガスの濃い場所には、自分自身の重力でガスがさらに集まってきます。逆に薄い場所はどんどん薄くなります。そうして、集まってきたガスは、銀河となり星となります。星の内部は非常に温度が高くなるので、やがてその中で水素と水素がくっついてヘリウムになる、いわゆる「核融合」という反応が起きます。これにより大量のエネルギーが発生して星は明るく輝きます。

核融合は核兵器である水素爆弾に使われているのと同じメカニズムで、私たちの太陽のエネルギー源もやはり核融合です。核融合によって、炭素、窒素、酸素、鉄などの様々な元素が作られてゆきます。

はじめは水素とヘリウムしか無かった宇宙の中で、重力でガスが自然に集まってできた星が元素の合成工場になるのです。

星はある時間が経《た》つと核融合に使える燃料が尽き、寿命が来て死を迎えます。星が死ぬ時、特に質量の大きい巨大な星は超新星爆発という大爆発を起こして、それまで中で作っていた炭素や窒素や酸素や鉄などの様々な元素を宇宙空間に放出します（超新星爆発の最中にできる元素もあります）。

太陽くらいの比較的小さな星はもう少しおとなしく死を迎えますが、それでもやはり最後は星を作っていたガスが宇宙空間に放出されます。

こうして宇宙空間に、新しい元素が少しだけ供給されます。新しい元素が少しだけ加わったガスの中から、再び星が作られます。その星は同じように中で新しい元素を作り、死を迎えると作った元素を宇宙に放出します。

その過程が何度か繰り返されて、宇宙に、鉄、ケイ素（岩石に含まれる元素）、酸素、炭素などの元素が増えてくると、新しい星ができる時に、周りに岩石の塊のような小さな星、つまり惑星ができるようになります。

私たちの地球と太陽系は、このようにして宇宙に惑星の材料となる元素が作られたことで、初めて誕生することができたのです。

星の中で作られたのは星としての地球の材料だけではありません。

私たち生命の材料も、やはり同じように星の中で作られたものです。

人間の身体で一番多いのは水ですが、水は水素と酸素がくっついたものです。骨はカルシウム、肉はたんぱく質ですがたんぱく質は窒素や酸素、炭素などからできています。血液には鉄が使われています。これ以外にも生命には多くの元素が使われています。

私たちの身体を構成している一つ一つの粒子は、水素を除けば、かつて一度太陽以外の星の中で作られ、宇宙空間に放出されたものです。

第3章

コスモスからカオスへ

ところでこの宇宙に私たち地球上の生命以外の生命や、人間と同じかそれ以上の知性を持った宇宙人はいるのでしょうか。残念ながら、今のところ地球以外に生命や宇宙人が存在するという、信頼に足る証拠はありません。

ですが、地球と似たような星、液体の水があり、地球上の生命が生きてゆけそうな星は、既に見つかりだしていて、宇宙全体にはたくさんあるだろうと考えられています。

今の科学でほとんど分かっていないのは、そのような星があった時に、そこに生命が生まれる確率がどれくらいかということです。

もしかしたら生命というのはすごくできやすくて、必要な材料と環境さえ揃《そろ》っていれば、どの星でも生まれるのかもしれません。そうだとすればこの宇宙は生命に溢《あふ》れた場所でしょう。

逆に、地球に生命が生まれたのはすごく可能性の低い出来事が連続して起きる奇跡のようなことで、宇宙には私たち以外に生命はいないという可能性もあります。

地球で最初に生まれた生命、私たちの祖先は、人間に比べればごく単純な微生物だったはずですが、そんな一番単純な生命でも、その構造はものすごく複雑です。

材料となる物質を海に入れるだけで自然にこんなものができてくるのは、まるで奇跡のように思えてしまいます。

もちろん科学者は、奇跡のせいだ、あるいは神のような人知を越えた存在によるものだ、といった考え方はとりません。それでも、生命のように複雑なものが宇宙の中で自然に誕生したということには、一種の感動を覚えます。

地球で誕生した生命はその後も進化を続け、複雑化、多様化してゆきます。やがて「知性」「社会」「文化」とでも呼べるようなものが霊長類のような進化した哺乳類《ほにゅうるい》に生じてきました。今や人間がそれを急速に発展させ、人間が生まれる前にはなかった様々なものを生み出しています。

私たちはまだ地球上の生命しか知らないので、地球で起きたことが宇宙の全歴史の中でどれほど特別なのかについては何も言うことはできません。それでも、私たちが今知っている限りにおいて、宇宙の歴史は複雑さと多様性を増大させてきた歴史だとは言えると思います。

つまり宇宙はコスモスではなく、どんどんカオス的になってきているのです。

この先どうなるのか?

次は未来のことを考えてみましょう。

地球にはこの先様々な変化が待ち構えています。今一番問題になっている地球環境の変化といえば気候変動です。人間の活動により大気中に増えた二酸化炭素による温室効果で地球の温暖化が引き起こされていると考えられています。

地球温暖化は、海面の上昇や局地的な砂漠化、豪雨・洪水の増加、生態系の変化など様々な問題を引き起こすと考えられていますので、二酸化炭素の排出をできるだけ抑えて人為的な温暖化を防ぐことはとても大切です。実は黒点などの太陽活動も地球気候に影響しているらしいのですが、この話はとりあえず置いておきます。

一方、長い目で見れば地球の環境は必ず変化します。温暖化してはいますが、地球の長い歴史の中では今は氷河時代です。「氷河時代」の定義は地球に氷河（氷床）が存在していることで、温暖化により小さくなっているとはいえ、今も地球には氷河がありま す。

一方、恐竜が生きていたような時代は氷河時代ではなく、地球はいまよりずっと暖かかったようです。

氷河時代にも比較的温かい間氷期と呼ばれる時期と非常に寒い氷期と呼ばれる時期が

あり、今は一万年ほど前から続いている間氷期です。

地球の気候はとても複雑で、氷期と間氷期のサイクルを決めるメカニズムは完全には分かっていませんが、地球の公転軌道や自転軸の傾きがわずかに変化することによって太陽から受け取るエネルギーが変化すること（ミランコビッチサイクル）が関係していると指摘されています。

歴史的には間氷期は一万年から数万年で終わってしまうことが多く、今の間氷期もいつかは終わりがやってきます。五年や一〇年で氷期がやってくることは多分ないと思いますが、百年とか千年の時間スケールでは、また氷期がやってくるか、少なくとも寒冷化の方に振れる可能性もあるでしょう。

さらに長期的なスケールで見ると、実は太陽は少しずつですが明るくなっています。太陽が生まれた四五億年前は、今の七割ほどの明るさしかなかったと言われています。そこから少しずつ明るくなって今の明るさになり、約六〇億年後、太陽が寿命を迎える直前には、今の二倍程度明るくなると考えられています。太陽が明るくなれば当然地球は暖かくなりますから、一〇億年以上の長い長い年月で見れば、地球はいずれ確実に温暖化します。

これ以外にも様々な要因の気候変動が考えられますが、重要なことは地球環境というのは人間の活動が無くともそれ自身でダイナミックに変化するものだということです。もちろんこのことは、現在世界中で課題となっている人為起源の気候変動への対策は重要ではないという意味ではありません。変化はスピードが速いほど影響が大きく、また一般に経済的に弱い立場の人ほど環境変化に対して脆弱《ぜいじゃく》です。人間の活動によって今の環境が望ましくない方向に変化することは、できる限り避けなければなりません。

この先地球に待ち受けている変化は気候だけではありません。長い年月で見れば地形も変化します。

地球の陸地はプレートと呼ばれる岩盤のようなものに乗っていて、それは地球の内部のマントルという部分がゆっくりと動くのに合わせて少しずつ移動しています。

昔、世界中の大陸がパンゲアと呼ばれる一つの超巨大大陸だったという話は、聞いたことがある人もいるかもしれません。パンゲアが存在していたのは今から約二億年ほど前のことで、そこから少しずつ大陸がバラバラになって移動し、今の形になっています。

大陸の合体と分裂は二、三億年くらいの周期で繰り返しているので、また二億年ほどすれば、一つの超大陸ができると言われています。

地形の変化は人間の活動する時間スケールに比べればごくゆっくり起きますから、これがただちに人類の子孫にとって危機的な状況を引き起こすわけではないと思いますが、地殻変動に伴って大規模な火山活動が起きれば話は別です。

例えば九州は大規模な噴火によってその大部分が溶岩に覆われてしまうことを過去に経験しています。さらに大規模な火山噴火が起きると、噴火によって出てきた火山性のガスや塵《ちり》が地球全体を覆い、太陽の光を遮ったり極端な温暖化を引き起こしたりして、地球全体の気候を変えてしまう可能性もあります。

危機は宇宙からもやってきます。太陽のスーパーフレアはその一つで、もしキャリントンイベントの千倍ものフレアが現代に起きたら、人工衛星が壊滅的な被害を受けたり大規模な停電が起きたりするだけでなく、オゾン層が長期にわたって著しく減少するという研究があります。

もっとよく知られている宇宙からの破滅的な災害は小惑星や彗星《すいせい》の衝突です。恐竜の絶滅は約六五〇〇万年前に地球に巨大な小惑星が衝突したためだという説はよく知られています。

直径一〇キロメートルほどの小惑星が衝突したら、その周囲が壊滅的な打撃を受けるだけでなく、海に落ちれば巨大な津波が発生しますし、衝突により巻き上げられた塵が長い年月にわたって地球を覆って気候を大きく変えてしまいます。

このような巨大な小惑星衝突はそれほど頻繁ではありませんが、いずれまた起きる可能性は常にあります。もっともこのような小惑星の衝突を事前に察知して、事前に少し軌道をずらして衝突を避けるための研究がされていますので、将来研究が進めば小惑星の衝突に関しては避けられるようになるのかもしれません。

地球の長期的な未来にはこのように様々な変化が待ち受けています。六〇億年後には太陽は寿命を迎えて赤く膨れ上がり、地球は飲み込まれるか、少なくとも生命が住めるような状態ではなくなってしまいます。

私たちの遠い子孫がその先も生き延びるためには、その時までに地球を脱出して他の恒星系に移住するすべを獲得しておく必要があります。もちろんこれはまだずっと先の話なので、今心配すべきことは地球上でいかに生き延びるかです。

人類が充分賢くてなんとかそれに適応して生き延びてくれることを期待したいですが、もっともその頃までには人間とは別の生き物になっているのでしょう。

宇宙における生命の遠未来

恒星間航行をも可能にした生命は、その先どこまで生き続けられるのでしょうか?

物理学者のフリーマン・ダイソンは一九七九年に「Time without end」という論文[*14]を書いています。この論文は、この宇宙において、生命とその個体間のコミュニケーションは永遠に続けられるか、ということを物理学的に検証したものです。「永遠と感じるくらい長く」ではなく、厳密に「永遠に」という意味です。

もしこの答えがノーであれば、何をやっても、どんな幸運が訪れても、私たちはいつか滅びることは物理学的に確定しているということになります。

なおこの論文では、生命を私たちと同じような身体を持つものに限定はしていません。ただ生命と呼べるくらい複雑な何かが存在し、相互に何らかの通信を行うことが可能かということを、当時の物理学が答えられる範囲内で検討しています。

生命活動は永遠に続くかという問いに対して、ダイソンのこの論文の結論はイエスでした。もちろん宇宙の状況は刻々と変化してゆき、やがて太陽のような星すら全く形成されなくなるのですが、その時代に生きる生命的存在は、今の私たちよりもずっとゆっくりとした時間を生きながら、お互いに通信を行うことが可能であるということです。

厳密には、そのようなことが不可能であるとする物理学的制約は無い、ということが彼の示したことです。

私たちの子孫の未来に希望を持たせてくれる結論ですが、大変残念ながら、現代の宇宙論はこのダイソンの結論を否定しています。

ダイソンがこの論文を書いた一九七〇年代には、宇宙の膨張は永遠に続くけれどその膨張速度はゼロに限りなく近づいてゆくか、宇宙がやがて収縮に転じるかのどちらかだと考えられていました。ダイソンが永遠の生命活動は不可能ではないと結論を出したのは、宇宙の未来が「宇宙の膨張は永遠に続くけれどその膨張速度はゼロに限りなく近づく」というケースであった場合です。

ところがその後観測が進み、宇宙の未来の姿はこれら二つのシナリオのどちらでもないことが明らかになってしまいました。

なんと宇宙の膨張速度は、ゼロに近づくどころか加速していたのです。

この加速を起こしているエネルギーの正体は分かっておらず、とりあえず「ダークエナジー」と呼ばれています。

とにかくこのまま膨張が加速し続ければ、はるか遠い未来は素粒子と素粒子をつなぐミクロなスケールさえも光速で遠ざかってしまう「ビッグリップ」という状態になってしまうと予想されています。こうなればもちろん生命のような複雑な物質を維持することはできず、生命どころか素粒子さえもお互いに情報をやりとりすることができない世界になってしまいます。

というわけでダイソンが論文で示したはかない希望は宇宙物理学研究の進展により否定されてしまったのですが、それでも、ダイソンの論文には今も私たちを考えさせるメッセージが込められています。

その一つは、ダイソンが生命のような複雑な何かが存在可能かどうかだけではなく、その生命の個体間の情報通信が可能かどうかの物理学的条件を検討していたことです。ここには、生命が複数存在してその間にコミュニケーションが発生すること、つまり何らかの他者が存在していることに、単に生命体と呼べる何かが存在することとは質的に違う価値があるというダイソンの世界観が反映されているように思います。

もう一つ、私がこの論文の最も重要だと考えるメッセージは、論文のイントロダクションに書かれています。以下に英語の原文を引用して私の和訳をつけます。

第3章

コスモスからカオスへ

It is impossible to calculate in detail the long-range future of the universe without including the effects of life and intelligence. It is impossible to calculate the capabilities of life and intelligence without touching, at least peripherally, philosophical questions. If we are to examine how intelligent life may be able to guide the physical development of the universe for its own purposes, we cannot altogether avoid considering what the values and purposes of intelligent life may be.

宇宙の長期的な未来を詳細に検討するためには、生命と知性の影響を考慮しなくてはならない。そして生命と知性に何ができるのかを検討するということは、少なくとも部分的には哲学的な問いに触れることを意味する。知的生命が自らのためにこの宇宙の物理的な進化に介入する可能性を考えるならば、私たちは知的生命がもつ価値や目的とはなんであるかということを考えざるを得ない。

フリーマン・ダイソンの論文「Time without end」より

私たち人間のように、何らかの知性と意思を持ったものが、この宇宙で何を為《な》したいと考え、この先何をするのかということを考慮することなしに、宇宙の長期的な未来を予測することはできないということです。

理論物理学者であるダイソンは、論文の主要部分においては、物理学の手法に基づいて「生命活動とそのコミュニケーションはいつまで続けられるか」という問題を検討します。しかし彼は物理学の手法で答えられることに限界があることを明確に意識しており、物理学が根拠を持って言えるのがどこまでなのかを明確に示した上で、物理学的な検討のその先にある思索への道を提示しています。

ダイソンが物理学に基づいてこの論文で示したこと、つまり生命の活動は永遠に続き得るという結論は、その後の科学の進展で覆されてしまいましたが、そのことはかえって彼がイントロダクションで提示した問題、つまりこの宇宙に生まれた知的生命として私たちは何をするのかという問題を一層切実に突きつけてきます。

この先、私たちとその子孫がどんなに努力して素晴らしい文明を築いたとしても、それはいつか必ず終わりを迎えます。それなのに私たちはなぜ生きて、何かを残そうとするのでしょうか。

物理学はこのような問題に答えを与えてはくれません。しかし、このような問題を考えるための一つの土台を与えてくれるものではあるかもしれません。

フリーマン・ダイソンについて

ここでまた少し話を脱線して、フリーマン・ダイソンという人物について紹介しておきましょう。

まず、ダイソンは理論物理学者です。数学や天文学の分野でも業績を残していますが、物理学者としての業績で特に知られているのは、量子電磁力学というミクロな世界を扱う分野で、朝永《ともなが》振一郎、ジュリアン・シュウィンガー、リチャード・ファインマンらが独自に構築していた理論が、実は同じことを言っているということを数学的に示したことです。

ダイソンの自伝的著作である『宇宙をかき乱すべきか』には、太平洋戦争の敗戦間もない日本から、質の悪い紙に印刷されて送られてきた朝永振一郎の論文に、当時の最先端の物理学を切り拓《ひら》く理論が記されていたことに感銘をうけたことが書かれています。

ダイソンは朝永、シュウィンガー、ファインマンの三人の理論を統合した彼の論文に

「トモナガ・シュウィンガー・ファインマンの放射理論」というタイトルをつけ、朝永がその業績にふさわしい評価を受けることに貢献しました。後に朝永はこの業績でシュウィンガー、ファインマンと共にノーベル物理学賞を受賞しています。

ノーベル賞は一つの業績に対して三人までしか受賞できないことになっています。もしノーベル賞が一度に四人受賞できるならダイソンが四人目の受賞者だったのではと言われています。

ダイソンは、知的生命が宇宙へ広がることを夢見る、SF的な想像力の人でもありました。遺伝子工学で作り出した植物を生やして彗星に居住する太陽系植民や、恒星全体を覆ってその全エネルギーを使う宇宙文明など、科学者としての知見に支えられた様々なアイディアを提唱しています。

先ほど紹介した宇宙で生命が永遠に存在できるかを検証した論文にも、彼のそのような一面がよく表れています。

彼はこんな言葉も残しています。

「われわれは、単なる観察者ではなく、宇宙のドラマの俳優なのだ」

「自然の法則は宇宙をできるだけ面白くするように構成されている」

ダイソンは現実的に問題を解く人でもありました。彼は初期の原子炉や、核エネルギーを用いた宇宙船・オリオンの開発にも携わっています。彼が開発を主導した小型の原子炉は、大規模な発電のためではなく、医療機関や研究機関で放射性同位体を作るために利用されています。

第二次世界大戦中には英空軍の爆撃司令部で科学的助言を行う任務についており、戦後米国に渡って市民権を得た後は、米政府の対ソ連軍縮交渉にも関《かか》わっています。若き日に広島への原爆投下を喜んだダイソンは、後年そのことを苦渋の思いで振り返ります。そして核兵器の廃絶を強く願うと共に、その実現に向けた過程には通常兵器による防衛的な軍備の拡充が不可欠だろうと考えていました。

ダイソンは、多様性と寛容を愛し、人間的な視点を持った人でもありました。『宇宙をかき乱すべきか』には、そのことをうかがわせるエピソードが書かれています。

一九七六年にダイソンはプリンストン大学が遺伝子組換えの研究所を作ることを許可すべきかどうか審議する市の委員になりました。ちょうどその頃生命の遺伝子を書き換える技術が可能になり、本当にそんな研究を続けていいのか？　という倫理的な問題が生じていたのです。

その委員会には十一人の市民が参加しており、そのうち牧師、写真家、黒人社会の指導者の三名が頑強な反対派でした。反対派の三名にとってこの問題は、科学研究や公衆衛生の問題ではなく、良心の問題でした。

ダイソンは彼らを理解し、彼らの意見と自分の意見の間に妥協点を見いだそうと努力しましたが、最後までそれはかないませんでした。

委員会はプリンストン市から期待されていた全員一致の勧告ではなく、遺伝子組換え研究に賛成の多数派と反対の少数派の両論を併記した報告書が提出されました。

一見物別れに終わってしまったようですが、ダイソンはこの一件を回想して、「合意の望みが薄くなるにつれて、私たちの間の相互の尊敬と好感はますます強くなった」と書いています。反対派の一人だった黒人社会指導者のエマ・エプスという人が報告書に書いた、短いけれど雄弁な言葉が以下です。「私の良心は、私にこれ（遺伝子組換え研究）に対してノーと言えと告げており、私は自分の良心に反したくありません。さらにまた、科学者である私の友人たちは、私が私の良心に反して行動すべきであると自分たちが思う理由は何一つないと言っております。」

それを受けてダイソンは、「私は、彼女から友人の一人に数えられたのを誇りに思っている」と書いています。

ダイソン自身は、個人的にも哲学的にも反対派の方により近いと感じたにもかかわらず、多数派である賛成に回っています。彼はその理由を「どんな行政当局も、科学研究に対して、行政の権限をもっている人たちがその研究に哲学的に反対しているという理由だけで、その研究を制限する法的権利をもってはならない」からだと書いています。

その結果プリンストン市議会はさらに九か月の間この問題を検討することを強いられ、その間プリンストン市は世界で唯一遺伝子組換え研究が禁止されている場所でした。

結局市は翌年になってようやく多数派の勧告を受け入れ、一定の条件のもとで遺伝子組換え研究を認めるようになります。ダイソンはそのことを評して以下のように書いています。

「民主主義は、のろくてよろよろした仕方で困難かつ感情的な論争を解決し、しかもなお少数派に、自分たちの見解が綿密に考量され勝手に踏みにじられたのではないと感じることを可能にしたのであった。」

トランス・サイエンス問題

この世界がどのような世界であってほしいかについての人間の願望を込めることは、物理学をはじめとする科学が世界を明らかにしようとする時に取るべき態度ではありません。そのような人間の願望は、この世界の姿をできるだけ正しく把握しようとする科学にとっては邪魔物でしかありません。

科学者は人間的なものを排したドライで冷徹な目で対象を分析しなくてはなりません。しかし、科学の成果とそれを応用した技術は私たち人間の生活に大きな影響を与えます。その多くは人間の暮らしを豊かで安全なものにしてくれる歓迎すべき影響ですが、時には科学・技術が人間にとって悪い影響を及ぼすこともあります。

核兵器の開発や環境破壊はその代表的なものでしょう。

遺伝子を操作するような技術は、病気の治療や、病気に強い農作物の開発など、様々なメリットを私たちにもたらしますが、一方で人間のクローンを作ったり、赤ちゃんの遺伝子を優秀な能力を持つように操作したりといった、倫理的に深刻な問題をはらんだことをしてしまう可能性も開いてしまいました。

研究者がその対象を科学的に分析する際には、こうありたいという人間の願望を込めてはいけません。しかし、研究の成果が何をもたらすのか、その成果をどのように社会で応用するのかといったことを考える際には、研究者も一人の人間に戻って、科学とは違うやり方で考えなくてはいけません。

なお科学の中にも、経済学や政治学、社会学など、人間の営みそのものを対象とする社会科学の分野があります。これらの分野は、あるべき社会の姿は何かという価値観から独立ではいられないし、むしろあるべき社会を実現するためにどうしたらいいかを考えることが重要な役割です。

そのような分野においても、現実に起きていることを分析する際には「こうあるべきだ」「こうあってほしい」という願望を厳しく切り離して、できる限り客観的に、起きていることを把握しなくてはなりません。また、ある姿の社会がなぜ望ましいと考えるのか、見方を変えたら望ましい形は違うのではないかといった、自分たちの価値観自体をできるだけ客観的に分析することも重要です。

科学に関係しているけれど科学だけでは答えることのできない問題を、「トランス・サイエンス問題」と呼びます。

二〇一一年の東日本大震災以降、その是非をめぐって議論が続いている原子力発電を例に考えてみましょう。原子力発電所が深刻な事故を起こす可能性はどれくらいかというのは、科学が答えられる問題です。もちろん科学の答えにも不確定性は残りますが、研究の進展によってその不確定性を小さくすることは可能です。

しかし、事故の可能性がどれくらい低ければ原子力発電所の建設を認めるのかということは、科学の問題というよりは、社会的合意の問題になります。

別の例を挙げましょう。出生前診断という技術があります。生まれる前の胎児の健康状態などを診断することです。日本では二〇一三年から、妊娠しているお母さんの血液検査だけでトリソミーと呼ばれる染色体異常による病気を簡単に検査できる新型出生前診断が始まりました。

この診断は導入されるにあたって大きな議論がありました。

なぜなら、出生前診断によって胎児にトリソミーがあると分かった場合、一定の条件を満たせば人工妊娠中絶をすることが認められるようになったためです。

つまり、病気を理由にその命を生まないという選択ができるようになったということです。このような診断ができるようになったのは科学の成果です。しかし、そのような診断を社会にどのような形で実装するのかは、科学の問題ではありません。

これもトランス・サイエンス問題の一例です。

新型出生前診断の是非についてここで議論はしませんが、導入にあたっての議論の中で出てきたある言葉だけ引用しておきたいと思います。

新型出生前診断で診断できる病気のうち、13トリソミーと18トリソミーという病気は生まれてきても生き続けるのが極めて困難な病気です。一方21トリソミーという病気は、いわゆるダウン症候群です。ダウン症候群は知的障がいを伴う病気ですが、適切なケアがあればほとんどの人は高齢になるまで元気に生きて人生を謳歌《おうか》することができます。

以下に引用するのは日本ダウン症協会の理事長（当時）が、新型出生前診断に関するシンポジウムで講演した際の講演録に載っていたものです。

（前略）報道は常に21番トリソミーであるダウン症に向かいます。なぜなのだろうと考えたときに、ただ一つたどり着ける結論は、彼らが立派に生きるからです。しっかりと何十年かの人生を生きるから。だから、この子たちは、生まれてくるべきかどうかを問われるのだとしたら、いったい私たちが問うているのは、どういうことなのか？　そのことを、もう一度、会場のみなさんに考えていただきたいと思います。

（中略）もし、どこかで線を引かなければならない、そこには、切実な一人一人、個人個人の願いもあり、事情もあり、だからこそ技術が応用されなければならない社会的な意義もあるのだとしたら、線を引くこと自体は、社会が社会であるために必要だと思います。ただ、その線は、もはや合理的な知識で引かれるのではなくて、文化という知恵で引かれる部分だと思います。だとすれば、その知恵が多様な子どもたちと生きる知恵として提示されていただきたいと、日本ダウン症協会は思います。

（日本ダウン症協会 玉井邦夫理事長講演録）[*15]

遺伝子組換え技術の研究の是非は「良心の問題である」といった反対派の人と対話を続け、最後まで意見の一致は見なかったものの、議論を通じて反対派と友情を育んだダイソンは、遺伝子組換え技術の研究に一旦《いったん》はブレーキをかけ、長い議論を経て結局は他と同じように研究を認めることになったプリンストンの経緯を、無駄であるとは考えませんでした。「民主主義は、のろくてよろよろした仕方で困難かつ感情的な論争を解決し、しかもなお少数派に、自分たちの見解が綿密に考量され勝手に踏みにじられたのではないと感じることを可能にしたのであった」という彼の言葉にあるように、科学の問題と良心の問題を突き合わせて対話をすることが、必要かつ望ましいことだったと考えていたのだと思います。

私はダイソンのこのエピソードが、科学者がトランス・サイエンス問題に向き合う際の一つのあるべき姿を示していると今も思っています。しかしある時、京都大学での科学コミュニケーションの授業中にこのエピソードを紹介したところ、文化人類学を専門にしている一人の大学院生から「でもそれって結局結論は科学者側の言うとおりになってるわけじゃないですか。なんだかいいように丸め込んでるだけのような気がします」というコメントがあり、しばし考えさせられたことがあります。

彼女の指摘はもっともで、重要な点を突いています。

少なくとも理想的には（あるいは建前上は）、科学は世界がこうあってほしいという人の願望とは独立に、客観的な証拠に基づいて、世界がどうなっているのかを示します。社会が何か意思決定をする際に、科学的な根拠に基づかずに思い込みや恣《し》意的な判断を下すことは、結局のところ人々の利益にはならないことが多いでしょう。

科学的な根拠に基づいた議論の大切さは、当たり前のことであってもここで強調しておきます。

一方で、その客観的な「正しさ」から、科学は人を説得する上で非常に強力なツールです。そしてしばしば科学の内容を理解するのは高度な知識とリテラシーを要求します。科学のある分野の専門家であっても他分野のことを理解するのは容易ではなく、最先端の研究を短時間で理解するのはほとんど不可能と言っても過言ではありません。

科学的証拠に基づいて何かを主張する時、それはしばしば、科学という権威をまとった「正しさ」の強制のように映ってしまいます。

トランス・サイエンス的な問題は、科学だけではなく、良心や価値観の問題です。人々が科学リテラシーを身につけて科学に基づいた議論ができるようになること以上に、科学の専門家は、良心や価値観の問題と科学の問題を、混同させることなく、しかし同じくらい大切な問題として話すことを学ばなくてはなりません。

それを可能にするのが、「研究」や「科学」以上の何かを含んだ「学問」と呼ぶべきものなのではと、私は思っています。


科学・技術が人間にとって恐ろしいものを生み出してしまい得ることを人々が強く認識するようになったのは、一九四五年の原子爆弾の開発と使用でした。その二〇年以上前の一九二四年に出版された本で、哲学者のバートランド・ラッセルは科学が人間に何をもたらすかを考察した短い論文の冒頭で、このような言葉を書き残しています。

私は、科学が人々を幸せにするのではなく、支配的な力を持った人々の力をさらに強くするのに使われることを危惧しないではいられない。[*16]（著者和訳）

トランス・サイエンス的な問題がますます増加している現代社会において、ラッセルのこの警告は何度でも思い返されるべきではないでしょうか。

学際的研究への挑戦

話が科学と社会の関係の方へそれてゆきましたが、そろそろ宇宙の話に戻りましょう。先に紹介したダイソンの論文は、六〇億年後に太陽系が終わったさらにその先のはるかな未来にまでその思考の範囲を広げたものでした。

ここからは、宇宙の未来は知的生命が何をするかにかかっているというダイソンの言葉を念頭におきつつ、次の数十年から数百年という比較的短い時間スケールで、私たち人間が宇宙へ出てゆくこと、そしてそれが人間にとって何をもたらすのかを考えてゆきたいと思います。

ここまで本書を読んで下さった方には明らかなことと思いますが、この問題は、宇宙がどういうところかという理学的な問題や、宇宙へどうやって行くのかという工学的な問題に留《とど》まりません。

フィールドが宇宙であっても、人間とその集団が作る社会を対象にした問題が関わってきますから、人文・社会科学的な検討無しにこの問題を扱うことはできません。


ここでまた私の個人的な体験を挟ませて下さい。この後書くことは、私が二〇〇八年に京都大学に発足した「宇宙総合学研究ユニット（以下では宇宙ユニットと表記）」という新しい組織に着任してから、文化人類学や倫理学などの人文・社会系の研究者と共同研究をさせて頂く中で考えてきたことがベースになっています。

何度も繰り返すように宇宙には様々な学問分野が関係しています。これらの学問分野は、大学における学部・研究科に対応しています。宇宙ユニットは、京都大学における様々な学部・研究科に所属し、様々な専門分野を持ちながら、宇宙という共通のテーマに関心を持った研究者が横につながったグループです。

何か特定の研究プロジェクトを推進するチームというよりは、宇宙に関心のある研究者が普段から交流を持ち、そこから新しいアイディアの共同研究のプロジェクトが生まれることで、何か新しくて面白い研究が生まれることを期待した、ゆるやかな集まりのような組織です。

私は二〇〇五年に京都大学で博士号を取ってから三年間は他の大学で研究員をしていました。その時はまだ太陽を中心とした宇宙物理学の研究にほぼ専念していて、二〇〇八年四月からは大学ではない研究機関の研究員のポストが決まっていたのですが、その年のお正月、岡山県の実家に帰省していた時に大学院の指導教員であった柴田先生から電話がかかってきました。何でも今度京都大学に宇宙ユニットという新しい組織を作ることになり、一人だけ専任の教員を採用しなくてはならないとのこと。宇宙ユニットは新しい学際的な研究を開拓するのがミッションだから、そのポストにつく教員は自分の専門分野の研究だけやるのではなく、学際的な研究のコーディネートや、何より自らも新しい研究分野に挑戦しなくてはならない。そのポストに来てほしいのだがその気はあるかと打診してくれたのです。

自分の研究者としてのキャリア上、大きな選択であることはすぐ分かりましたので、よく考えて結論を出すべきところですが、二秒くらい考えて、ほぼ即答で「行きます」と返事しました。何をやるのかはよく分からないけれど、直感的に「それは面白そう」

と思ったのでしょう。

そういえば大学院で修士課程から博士課程に進学する際にも同じような選択をしたことを思い出しました。修士課程では主に太陽フレアの研究をしていて、少しだけ他の星のフレア現象の研究や、地球磁気圏の現象と太陽フレアの比較研究のようなこともしていました。博士課程に進むにあたって柴田先生から、研究対象をもっと他の天体の現象へ広げるか、宇宙天気など地球への影響の方向へ広げるか、フレアのような活動現象の原因である太陽内部の方向へ広げるか、三つの方向性が考えられるが、君は何をやりたいかと聞かれました。

その時もほぼ即答に近い形で「内部の方向へ行きたいです」と答えました。その理由は、修士までの短い間とはいえ、他の天体や地球への影響についてはほんの少しの研究の経験があって、自分ではある程度馴染《なじ》みがある気がしていたのですが、太陽内部の話はその時の自分にとって一番よく分からない、新しい分野である気がしたからです。

結局のところ博士課程の間にあまり太陽内部の深いところまではたどり着かず、表面のちょっと下の浮上磁場の研究までしかできなかったので、それは今も少しだけ心残りでいつかまた取り組みたいとは思っているのですが、いずれにせよ「選択肢がある場合は一番未知のものを選ぶ」という方針は、自分にとっていつも面白いものをもたらしてくれた気がしています。

もっとも他の選択をした場合の人生がどうだったのかは分からないし、考えても仕方ないことですが。


また話が脱線してしまいました。とにかく二〇〇八年に母校の京都大学に戻って宇宙ユニットの教員となった私は、「人文・社会系を含む学際的な研究の開拓」というのが職務上のミッションになりました。

ですが、実はこの時点では宇宙ユニットに人文・社会系の教員は一人も参加していませんでした。宇宙ユニットを作った先生方は「これからは宇宙研究にも人文・社会が重要だ」という認識でいたわけですが、その具体的な形までは特に決まっていなかったようです。少なくとも私にはこういうことをやりなさいという指示はなく、まっさらな状態からのスタートでした。

分野が違っても理工系の研究であれば、ある程度具体的な共同研究のテーマなどは思い浮かぶのですが、ある意味そういうことは既にあちこちでやられていることでもあったので、最初は人文社会系のいろいろな本を読みあさり、その分野の研究者の話を聞きに行って、何か宇宙をテーマに共同研究ができないか相談するという、宇宙の飛び込み営業のようなことをやっていました。その中で「面白いね」と乗ってくれて、学術的な研究にまで発展することができたのが、文化人類学の研究者たちとの共同研究による「宇宙人類学」と、主として哲学・倫理学の研究者たちとの共同研究による「宇宙倫理学」です。

宇宙人類学と宇宙倫理学

理系の学問と倫理学の接点から生まれた新しい学問として宇宙倫理学に先行しているのは、生命倫理学の分野です。これは少し前に述べた遺伝子組換え技術や出生前診断などの問題とも関係しています。

科学・技術の進展によってこれまで不可能だったことが可能になったことで、生命の操作や峻別《しゅんべつ》といった新しい倫理的な問題が生じてきています。このような問題を考える道筋を提示するために、問題点や議論のポイントを整理し、できるだけ論理的に分析することが生命倫理学の役割です。

それと同時に、科学・技術の進展が突きつけてくる新しい倫理問題は、私たちは何に価値を置き、どのような基準に基づいて何をなすべきと考えているのかについて関心を持っている倫理学という学問そのものにも新しい視点をもたらすことがあります。

生まれたばかりの宇宙倫理学にも、生命倫理学と同じようなところがあります。

宇宙開発利用の進展により、例えば他の天体の環境を改変することは許されるのか、人工衛星による超高分解能の地球観測はプライバシーの侵害にならないのかといった、それまではなかった新たな問題が生じてきており、そのような問題を整理・分析するために倫理学の知見が必要とされています。それと同時に、誰かが天体を所有・利用する権利はどのように生じるのか、もし地球外で「宇宙人」に出会ったら私たちは彼らの「人権」を認めるのか（実際的には向こうが認めてくれるのかという問題が大きいですが）といった問題は、単に宇宙開発利用に伴う実際的な問題の解決に留まらない、倫理学自身の本質的な問題に関わることになります。


一方人類学は、「人間とはどういうものか」というやや漠然としていますが大きな問題意識を持った学問分野で、生物としての人間の進化を対象とする自然人類学と、人間の文化的な営みを対象とする文化人類学に大別されます。後者はもともとは人類のいろいろな文化・習俗を記録し研究する民俗学という分野が元になっています。宇宙というこれまでとは違うフィールドで人間の活動が始まるならば、当然そこは人類学のフィールドになります。

宇宙人類学の話をする時に私がきまって引用する本があります。それは動物行動学者の森山徹さんという方が書いた『ダンゴムシに心はあるのか』という本です。ダンゴムシには交替制転向という性質があることが知られています。これは以下のような性質です。まず歩いているダンゴムシが障害物に当たって、それを避けるために右に曲がったとしましょう。そのまままっすぐ進んだダンゴムシが次の障害物に当たった時、今度は左側に曲がります。そしてその次は右、その次は左というように、必ず右左右左と交互に曲がるのです。

ダンゴムシはなぜこのような行動をするのでしょうか。それは恐らく、右、右と続けて曲がると元の方向に戻ってしまうためです。そのような曲がり方をするダンゴムシは、同じ場所に留まって生息範囲を広げることができません。一方、右、左と交互に曲がるダンゴムシは、障害物を避けながら広範囲に広がり、よりよい環境を見つけて繁栄することができるでしょう。このようにしてダンゴムシは進化の過程で交替制転向という性質を身につけた（正確には交替制転向という性質を持つダンゴムシが生き延びた）と考えられます。

これに関して森山さんが行った実験は次のようなものです。まずT字型の通路を作りそこにダンゴムシを入れます。ダンゴムシがT字に当たって右に曲がったその先に、またT字路があります。そのT字路に入ったダンゴムシは今度は左に曲がるのですが、実はこの二つ目のT字路はターンテーブルのように回転させることができるようになっていて、90°回転させることでダンゴムシは元来た通路に戻ることになります。全く同じT字路を反対側にも用意して、T字路を90°回転させ続ければ、ダンゴムシは永久に同じ通路を行ったり来たりすることになります。

森山さんはこの一見地味な実験を繰り返すことで大発見をしました。それは、個体差はあれど、数十回往復を繰り返すと、ダンゴムシは突然「キレ」て、壁をよじ登ったり同じ場所をぐるぐる回ったり、それまで見せなかった行動を見せるようになるということです。

これは、ダンゴムシは単に本能に埋め込まれたプログラム通りに動くロボットではなく、先行きの見えない事態に耐えられない「心」があることを示すのでしょうか？　そうかもしれません。一方、ダンゴムシがキレたように見える行動もまた、数十回やってダメなら別の行動を試せ、というプログラムに従っているに過ぎないのかもしれません。しかし考えてみれば私たちの心だって、恐らくダンゴムシよりはるかに複雑ではありますが、褒められたら嬉《うれ》しい、嫌なことを言われたら腹が立つというように、外部からの入力に対して何らかの応答を返すプログラムに過ぎないのかもしれません。

このように「心って何だろう」という問いを深く考えさせてくれるのが『ダンゴムシに心はあるのか』の魅力ですが、私が宇宙の話の中でこの本を紹介するのはそのためではありません。

私が面白いと思ったのは、森山さんのこの研究が、自然の中でありのままのダンゴムシをつぶさに観察していても決してできなかった研究だという点です。自然のままのダンゴムシではなくて、通常ではあり得ない環境にダンゴムシをおいたからこそ、それまで隠されていた（恐らくダンゴムシ自身も知らなかった）性質が見えてきたのだと思います。

宇宙は人間にとってダンゴムシの迷路です。物理的環境、あるいは社会的環境さえも、地球上のそれとは大きく異なる宇宙へ人間が行くことは、人間とその集団が作る社会が潜在的に持っている、まだ見ぬ新しい性質を暴き出す可能性があります。「人間とはどういうものか」という問いを持っている人類学にとって、宇宙は極めて興味深い実験場であるとも言えるのです。

「私たち人間が宇宙へ出てゆくこと、そしてそれが人間にとって何をもたらすのか」について考えてゆくための前準備がようやくできました。[*17]以下に書くことは、宇宙倫理学や宇宙人類学の研究に関わって下さった人文・社会系の研究者の方々を中心に、様々な人との議論を通じて私自身が考えてきたことです。

宇宙倫理学や宇宙人類学の詳しい内容については、参考文献をご覧下さい。

宇宙開発利用の現在

まずは、現在の宇宙開発利用、特に生身の人間が宇宙へ行く有人宇宙活動について概観しておきましょう。

地球を飛び出して宇宙へ行くということは古くから多くの人が考えてきたことだと思いますが、実際に人間が宇宙へ重さを持つ物体を打ち上げられるようになったのは、一九五七年に当時のソビエト連邦が初の人工衛星「スプートニク」を打ち上げたのが最初です。

スプートニクに続いてソ連は宇宙飛行士による初飛行も米国より先に成功させます。これに危機感を抱いた米国が打ち出したのが、人間を月へ送るアポロ計画でした。

まずソ連が、続いてすぐに米国が有人宇宙飛行に成功したのが一九六一年、その直後には米国のケネディ大統領がアポロ計画を発表して一〇年以内に人間を月に送ると豪語し、そしてなんと一九六九年にはアポロ11号の月面着陸が成功します。

このように初期の宇宙開発は、米国とソ連の軍事競争を背景として驚くべきスピードで進展しました。

宇宙は今も軍事と密接に結びついている分野です。しかしソ連と米国の宇宙開発競争が始まる前には、純粋に宇宙旅行を夢見た技術者たちの時代がありました。

宇宙飛行に関する基本的な概念を最初に提示したロシアのツィオルコフスキーや、初めて液体燃料ロケットを打ち上げた米国のロバート・ゴダードといった先駆者たちは、軍事的な意図を持った国家プロジェクトとしてではなく、大学等の研究者ですらありませんでした。

ツィオルコフスキーやゴダードのように、宇宙旅行を夢見る個人が集まってロケットの開発に挑戦していたグループが、第二次世界大戦前のドイツにありました。宇宙旅行者協会と呼ばれたこの同好会のような組織の技術に目をつけたのが、当時政権をとったナチスです。

宇宙旅行を夢見てロケットを開発していた技術者たちは、ナチス政権下でその技術を元にV2ミサイルという世界で最初の弾道ミサイルを開発しました。V2ミサイルは実際にロンドンを空爆するのに使われています。戦後、ご存知のようにドイツは東西に分かれます。そしてV2ミサイルを開発した技術者たちは米国とソ連に引き抜かれてゆき、それぞれの国で宇宙開発の礎となります。アポロを月に運んだ米国のサターンロケット開発の中心は、もともとドイツの宇宙旅行者協会のメンバーだったフォン・ブラウンという人物でした。

華々しい成功を収めたアポロ計画は、一九七二年のアポロ17号を最後に終了します。ベトナム戦争が始まった米国には、最初は喝采《かっさい》を浴びたとはいえ、直接的な利益が何なのかはっきりしないアポロ計画を継続する余力がありませんでした。

宇宙開発の初期段階があまりに速い発展を見せたので、アポロ11号が月面着陸した頃は、二〇世紀の終わりには月面基地ができて宇宙旅行が日常になっていると考える人も多かったようです。ですが、その後の有人宇宙開発はそれほど速くは進展しませんでした。ソ連が崩壊して冷戦が終了し、米国、ロシア、欧州、日本、カナダが参加する国際宇宙ステーション（ISS）が建設されましたが、ISSの運用は二〇二四年で終了する予定です。ISS後、米国は月への有人探査を再開して将来的には有人の火星探査も視野にいれており、日本も国際協力による有人宇宙活動を継続する計画を示しています。二〇一七年ごろから、国際協力により再び有人で月を目指すという計画が出てきていますが、先行きはまだ不透明です。

一方で宇宙開発利用全体は、近年急速に活気を帯びてきています。米国、ロシア、日本のような伝統的な宇宙先進国だけではなく、中国、インド、さらには中東やアフリカなどの新興国、そして民間のプレイヤーが独自の宇宙活動を展開しており、人工衛星を使った宇宙産業の市場規模も伸び続けています。

有人宇宙活動の分野でも、中国は独自の有人宇宙輸送機と宇宙ステーションを開発・運用しています。また、民間による観光目的の宇宙旅行も複数の会社が計画を発表しています。

宇宙開発利用全体の活性化にもかかわらず、有人宇宙活動、特に日本や米国、欧州のような国家プロジェクトとしての有人宇宙活動は、まだどこか勢いがありません。

その理由は結局のところ、膨大なコストと無視できない人命のリスクにもかかわらず、「何のために行くのか」が必ずしも明確でないことにあります。

有人宇宙活動は、無人の宇宙機と比べて生命維持や安全対策が必要で、そのために大きなコストがかかります。もちろん人間はロボットと比べて様々なことに臨機応変に対応できるというよさがあるのですが、純粋に科学的な目的であれば、有人よりも無人ミッションの方が同じコストをかけた時の成果が大きいというのが、多くの科学者が同意するところです。

人間を宇宙に送り出す理由として、地球上の人口増大による食糧や資源の不足、環境問題を解決をするためという主張もしばしば見られます。ですが、地球の人口はいまや一日二十万人ものペースで増大しています。このようなペースで人を宇宙に送り込むのは全く現実味がありません。そのための様々な努力は、地球上の問題の解決・緩和に振り向けるのが先決でしょう。

宇宙太陽光発電や小惑星資源採掘など、エネルギーや資源を宇宙から地球に持ってくるだけなら、その実現性はともかくコストとリスクを考えれば無人で行うべきミッションです。

恐竜を絶滅させたような巨大天体の衝突などで、人類絶滅レベルの危機が地球に到来する時に備えるため、バックアップとして地球以外の居住場所を見つけておくという考え方もあります。これは食糧や資源問題と違って宇宙へ行くこと以外に代替の手段がなく、一定の説得力を持った理由だと思います。とはいえ、たとえ地球のバックアップを持つことで種としてのホモサピエンスの絶滅は回避できたとしても、人類絶滅レベルの事態が想像を絶するほどの悲劇を生むということに変わりはありません。

天体衝突以外の人類絶滅レベルのリスクにも様々なものがあり、宇宙移民の推進は私たちの社会が公的資金を費やして優先的に取り組むべき課題であると主張するのは、やはりちょっと苦しいのではと思います。

誰が何のために宇宙へ行くのか？

熱心に有人宇宙開発を進める立場からしばしば聞かれる意見に、「フロンティアを拡大すること、生存領域を拡大することは、人間あるいは生命が本来的に持つ性質である。だから人間が宇宙へ行くことは必然である」というものがあります。

確かに地球上の生命の歴史も人類の歴史も、その生存領域を拡大していった歴史であるように見えます。海の中、それも恐らく深海で誕生した生命は、やがて陸地や空へと広がってゆきました。アフリカで誕生した人類も、今や世界の隅々にまで広がっています。

しかし、このことによって国家などの公的な主体が行う事業としての有人宇宙開発を正当化することはできません。

なぜなら、これまでの歴史がこのようであったという事実から、私たちはこれからもそうするべきであるという結論を導くことはできないからです。歴史的事実が、人間がどうあるべきかということの根拠になるのであれば、私たちの先人たちは基本的人権や民主主義といった現代社会の根幹をなす価値観を築き上げることはできなかったし、差別や格差などの今なお私たちの社会に残っている改善すべきものを改善することができません。それに、私は今のままでいい、あるいは今いる場所をよくすることに努力したい、フロンティアを開拓などしたくない、という人も大勢います。

とはいえ、人間の中には未知の場所を探検し、開拓したいという衝動を持つ人が少なからずいることは否定しがたいことです。

宇宙へ行きたいと強く思い、実現しようと努力する人々がいる限り、それが合理的な理由で正当化できるかどうかにかかわらず、人類の宇宙進出が進む可能性はあります。

フリーマン・ダイソンはこの問題でも面白い考察をしています。彼は、科学的探査などの一時的なミッションではなく、宇宙へ移民してそこを住処《すみか》とするような集団がどのようなものであるのかを考えるため、歴史的な移民団との比較を行いました。

表2（143ページ）はダイソンが比較のために用いた表です。物理学者らしく数字の

比較を行っています。表の左側の二つ、メイフラワー号（一六二〇年）、モルモン教徒（一八四七年）の一団は、どちらもよく知られた移民団です。人数や積み荷の量などいくつかの数字が並んでいますが、一番重要なのは一番下の数字、一家族あたりの費用を年収で割った値です。移民するための費用として年収何年分かかったかを示す数字です。モルモン教徒が移民にかかった費用が一家族あたり年収二年半分だったのに対し、メイフラワー号では年収七年半分かかりました。特別お金持ちでもない中流階級の家族にとって、年収二年半分は生涯一度の買い物としてローンを組めば可能な金額ですが、七年半分はなかなか厳しい金額です。

ダイソンはこの数字を将来現れるかもしれない二通りの宇宙移民についても検討しました。一つは、一万人もの人を収容する巨大な構造物を宇宙空間に建造する大規模宇宙コロニー、もう一つは数十人程度の小規模な集団が小惑星へ入植するというプランです。まだ具体的な計画すらないこれらの移民プロジェクトに関する数字をどのように見積もったのか詳細は示されていませんが、ダイソンによれば、大規模宇宙コロニーは一家族あたり年収一五〇〇年分、小惑星への小規模植民は年収六年分ということです。

これが示唆することは、まず大規模な宇宙コロニーは超巨大プロジェクトであり、国家レベルの事業とならざるを得ません。

	メイフラワー号	モルモン教徒	巨大宇宙コロニー	小惑星への移住
西暦（年）	1620	1847	2???	2???
人数（人）	103	1,891	10,000	23
積荷（トン）	180	3,500	3,600,000	50
費用（1975年の米ドル）	600万	1,500万	960億	100万
積荷1ポンドあたりの費用（1975年の米ドル）	15	2	13	10
1家族あたりの費用を年収で割った値（年収○年分）	7.5	2.5	1,500	6

表2　大航海時代の移民と宇宙移民の比較（F・ダイソン『宇宙をかき乱すべきか』より分かりやすく加工して掲載）

現在の有人宇宙活動ですら、そのコストに見合うだけの意義や成果が見いだせないという批判にさらされています。まして大規模宇宙コロニーのような超巨大プロジェクトを、民主的な意思決定を行う国家が正当化するのは難しいでしょう。

一方、小惑星への小規模な移民は、金額の見積もりが甘すぎるようにも思えますが、強い意志と一定の経済力を持った私的な団体でもなし得る事業のように思われます。

ダイソンの考察がもう一つ示唆することがあります。メイフラワー号の移民団は、大航海時代にヨーロッパからアメリカに渡っていった清教徒というキリスト教の一派です。彼らは、祖国である英国の利益や、まして人類に対する使命のようなもののためアメリカ大陸へ渡ったのではなく、むしろ弾圧から逃れ、宗教的自由を求めて海を渡りました（彼らの信じる宗教的実践を実現することに人類的な意義を見いだしていたとは言えるかもしれませんが）。

将来宇宙へ移民しようとする人々が国家事業の遂行者ではなく私的な団体であるならば、その人たちを宇宙移民へ突き動かすのは宇宙への夢や全人類を代表した使命などではなく、むしろ地球社会への絶望や、閉塞《へいそく》感から逃げ出したいというネガティブな動機かもしれません。

いずれにせよ、その人たちが自分たちの宇宙移民が社会的に正当化されるかどうか、ということに大きな注意を払うとは想像しがたく、むしろ地球社会で課される様々な社会的・倫理的制約から逃れようとする傾向が強いのではないでしょうか。

有人宇宙活動を含む宇宙開発利用のプレイヤーがＮＡＳＡやＪＡＸＡなどの先進国の政府機関から民間や新興国へと広がる動きは既に起きています。中国は宇宙強国を目指して独自の有人宇宙活動を続けていますし、有人はまだですがインドも火星探査を成功させるなど宇宙開発利用を活性化させています。アラブ首長国連邦やオーストラリアなど、これまで正式な宇宙機関を持っていなかった国も、最近になって宇宙機関を発足させました。そしてスペースＸやブルー・オリジンなど、インターネット関連企業で成功した大富豪の実業家が自ら立ち上げた新しい宇宙企業が、世界の宇宙開発の中心的存在へとなりつつあります。

スペースX社を創業したイーロン・マスク氏は、その究極の目的は火星への移民だと宣言しています。二〇一七年にはアラブ首長国連邦も百年後までに火星へ都市を作るという計画を発表しました。まだ計画というほどの具体性も無いこれらの計画がその通りに進む可能性は高くないだろうと私は思います。しかし太陽系内の宇宙移民は、タイムマシンや瞬間移動とは違って、コストやリスクを度外視すれば現在人類が持っている科学・技術の直接的な延長としては可能な事業です。

宇宙へ行くことの文化的なインパクト

ある社会から移民が出ることは、移民していった当事者だけではなく移民を送り出した元の社会にも影響を与えます。アメリカ先住民のケースでも明らかなように移民先に社会がある場合は当然影響がありますが、宇宙の場合はとりあえずそれは無いと仮定しましょう。もし宇宙に先住民の社会があることが分かればそのインパクトはこの後に書いてあることとは比べものにならないくらい大きなものになります。

人間が宇宙へ行くことは、地球に残された社会にどのような影響を与えるでしょうか。初期の宇宙開発は、それが米ソの冷戦という対立に駆動されていたにもかかわらず、人類を一つにまとめる方向に働きました。図22はアポロ17号が撮影した地球の写真です。「ザ・ブルー・マーブル」という愛称で呼ばれているこの写真は、恐らく世界で最もよく使われた写真の一つでしょう。漆黒の宇宙空間に浮かぶ青い地球の姿は、「宇宙船地球号」という言葉に象徴されるような、地球市民的意識を人々の間に育《はぐく》むことに大きく貢献したと考えられています。その背景には、アポロ計画が推進されていた一九六〇年代から七〇年代にかけてが、テレビとマスメディアが発達し、世界中の人が一つのイメージを瞬時に共有することが初めて可能になった時代だったこともあるでしょう。国の威信をかけて宇宙へ行った米ソの宇宙飛行士はその多くが軍人の出身でしたが、にもかかわらず多くの宇宙飛行士たちが「宇宙から見れば国境など見えなかった」などの感傷的な言葉を残しています。

二一世紀を生きる人にザ・ブルー・マーブルはどのように映るでしょうか。

もちろん二一世紀の今でも、青い地球の写真は環境問題や世界の人々の連帯の象徴として使われています。その一方で、人間にとって地球はアポロの時代と比べてもずっと小さくなりました。交通の発達で海外旅行は以前よりも容易になり、何よりインターネ

第3章

コスモスからカオスへ

図22　アポロ17号が撮影した地球（NASA）

ットの登場で世界中の人と瞬時に情報をやりとりできるようになりました。

また最近は人工知能（機械学習）の進展により、自動翻訳の精度が簡単な実用に耐えるレベルまで向上することで、言語のバリアも以前と比べればずっと低くなりました。住んでいる場所に関係なく、誰でも安価に世界中の人とつながることができるようになったのは素晴らしいことです。インターネットによって人生を切り拓くことができた人は数え切れないくらいいることでしょう。

しかし、交通の発達とインターネットの登場によって世界中の人々の情報交換とコミュニケーションがかつてなく容易になったことは、文化の画一化を推し進め、マイノリティの文化を消滅の危機に追いやるという負の側面を併せ持っています。文化人類学者のレヴィ＝ストロースは、これを人類の創造性を失わせるものだと警鐘を鳴らしました。

> 創造活動が盛んだった時代は、コミュニケーションが、離れた相手に刺激を与える程度に発達した時代であり、それがあまりにも頻繁で迅速になり、個人にとっても集団にとってもなくてはならない障害が減って、交流が容易になり、相互の多様性を相殺してしまうことがなかった時代である[*18]

「地球が小さくなった」ことに関係した、文化の画一化よりもっと明白な問題は、人口の増大による食糧・資源の不足や、それを一つの原因とした地域レベルの紛争です（グローバルに画一化された文化が押しつけられようとしていることへの反発も紛争の原因の一つかもしれませんが、そのような国際情勢の分析は私の手には負えません）。

少子化によって日本の人口は減少に転じており、生活のためのインフラや社会制度を今後どのように維持してゆくかが課題となっていますが、世界的には人口は増大を続けており、試算にばらつきはありますが、二〇五〇年には百億人近くにまでなる可能性があります。

二一世紀も中盤が迫る中、ザ・ブルー・マーブルが呼び起こすのは、百億人もの人間が小さな地球にひしめき合いながら生きてゆかねばならないという、ある種の閉塞感です。

既に述べた通り、宇宙へ行くことは人口増大に起因する問題の物理的な解決には恐らくなりません。

二一世紀の中盤から後半にかけて人類が抱える最大の課題は、人口爆発とその後にやってくる世界規模の高齢社会において、飢えや極度の貧困といった悲惨を生むことなく、食糧や資源をめぐって武力で争うこともなく、なんとか折り合いを付けて生きてゆくことだと思います。

ですが、レヴィ＝ストロースが警告した文化の画一化の問題に対しては、もしかしたら宇宙移民は新たな希望となるかもしれません。レヴィ＝ストロースによれば、「ひとつの文化を近隣の他の文化からはっきり区別するほどの差違が生まれるには（中略）一定期間、比較的孤立した状態にあること、そして交換が限られること」が必要です。物理的な物の行き来が容易でないだけでなく、その膨大な距離と光速が有限であるという制約からリアルタイムの通信さえも困難になる場所へ人間が出ていってそこへ定住社会を作る日がくれば、それはまさにレヴィ＝ストロースの言う「創造に満ちた時代」の再来と言えるのではないでしょうか。なぜならその時、地球社会と宇宙社会は、「遠く離れた相手と刺激を与え合える程度には発達しているが、多様性を相殺してしまわない程度には隔離された状態」になり得るからです。

人口問題については宇宙移民は解決にならないだろうと述べましたが、人口問題や文化の画一化がもたらす「閉塞感」を和らげてくれることくらいはできるかもしれません。百億もの人間と折り合いを付けながら生きなければならない地球には、他人と行動を合わせることが困難な個人の「身勝手な」振る舞いを許す余裕はどんどん無くなってくるでしょう。たとえ実際に地球を出ていくことはなかったとしても、「死ぬまで絶対にここを出られない」と思うことと、「いざとなれば逃げてゆく場所がある」ことは、そのような地球を生きづらいと感じる人にとっては、ある種の希望や慰めになるかもしれません。

見方を変えると、そのような閉塞間や生きづらさが、地球を出てゆこうとする強いモチベーションを与えることも考えられます。大西洋を渡ったメイフラワー号の清教徒たちと同じように、地球と決別して新天地へ向かう宇宙移民たちは、いずれ地球のそれとは大きく異なる文化や考え方を生むことになるでしょう。

このようにして宇宙で新たな文化が生まれることは、人類の文化的多様性と創造性を育む、歓迎すべき出来事なのでしょうか。

どうもそんな単純なものではなさそうです。

生命と人間の改変

宇宙進出がもたらすのは恐らく文化的な多様性だけではありません。人間に限らず、生命は周囲の環境に適合していないと生きてゆくことはできません。

これまでの有人宇宙活動においては、重力をのぞいて可能な限り地球に近い環境を宇宙機ないし宇宙ステーションの中に作り出すことで、人間は宇宙に滞在してきました。ですが、集団の規模が大きく、滞在する期間が長期化するほど、この方法は難しくなります。

すると、地球と極端に異なる環境で生きてゆくためには、環境を変えるか生命を変えるかのどちらかが必要ということになります。

他の天体の環境を地球のように変えることはテラフォーミングと呼ばれ、昔からあるアイディアで理論的な研究も行われていますが、地球に最も近い環境を持つ火星の場合でも、環境を変えるのは非常に大変なことで、たとえ理論的に可能だとしても膨大な時間がかかると予想されます。

その一方、生命科学の発達により、遺伝子組換え技術などの生命を改変することが技術的に可能になってきました。

将来の宇宙移民において遺伝子工学や生命工学が駆使されるのではという予想はダイソンも著書の中で書いています。将来の宇宙移民団が地球と交易する際の主な輸出物は、よく議論されているようなレアメタルなどの鉱物資源ではなく、地球と大きく異なりかつ地球から完全に隔離されている宇宙環境を活用した、遺伝子組換え動植物になるだろという予想です。

遺伝子工学による生命や人間の改変は、その安全性はもちろん、深刻な倫理的問題も含みます。特に人間に遺伝子工学を適用することは、病気の治療などごく限られた場合を除いて現在の地球では厳しく制限されています。しかし、もし遺伝子工学を適用することが、宇宙で生きていくためにどうしても必要なことだとしたら、地球とはまた違った倫理的判断がなされるかもしれません。それに、地球側がダメだと言ったところで、そもそも地球社会から脱出したくて宇宙へ出ていった人たちが、地球に残った人たちの言うことを聞く理由があるでしょうか。

宇宙進出は人類の文化的多様性にとっての希望だと述べました。地球に縛られた閉塞感から逃げるように宇宙へ行った人々が、遺伝子工学を駆使して奇妙な生命を生産し、生命としての自らも改変しながら新しい文化を育んでいることを知った時、地球に残った人々はどのように感じるでしょうか。そこに新たな創造性を見いだす人もいるでしょうが、多くの人はむしろ恐怖と嫌悪を感じるのではと思います。

ですが、そもそも文化的多様性とはそういうものではないでしょうか。

レヴィ＝ストロースは、彼の言うところの創造性をもたらす多様性が実はなかなかやっかいなものであることを、次のように表現しています。

おそらく私たちは、平等と博愛がいつの日にかヒトのあいだに、多様性をそこなうことなく実現されるという夢を描いているのだろう。しかし、人類が、かつて創造し得た価値のみの不毛な消費者となり、亜流の作品と粗雑で幼稚な発明だけを生み出すことに甘んじたくないならば、人類は、真の創造が、異なった価値観からの呼びかけに対するある意味の聴力障害を想定し、それが異なった価値観の拒否、あるいはその否定にまでもつながるものであることを、学びなおさなければならない。[*19]

多様な文化が共存している状態とは、残念ながら「みんな違ってみんな良い」という幸せな世界とは限りません。もちろんそういう状態であればそれに越したことはありませんが、多様性を認めるということは、この人の価値観や考え方はどうにも好きになれないが、相手には相手の言い分があり、そこでなんとか折り合いを付けながら隣人として暮らす、という可能性も受け入れるということだと思います。

レヴィ＝ストロースは「異なった価値観の拒否、あるいはその否定にまでつながる」と言い切りましたが、気長に対話を続ければ、いつかはわかり合える部分が少しはできるかもしれません。

宇宙における未知の現象を探究することも、異質な他者を理解しようとすることも、自分が生を受けたこのカオスな世界のことをなんとか把握しようとする、学問の営みであると思います。

アルキメデスの視点

能楽の世阿弥《ぜあみ》の言葉に「離見《りけん》の見《けん》」というものがあります。舞台に立っている自分を離れて、客席の方から他者の視線で自分自身を見つめることです。世阿弥のこの言葉が、他者の文化を知ることで翻って自らのことを知るという人類学の姿勢に通ずるとレヴィ＝ストロースは考え、自らの著作に『はるかなる視線（Le Regard Éloigné）』というタイトルをつけています。

図22のザ・ブルー・マーブルは、まさに地球を離れて地球を見たものです。「離見の見」は宇宙物理学でも実践されており、例えば火星や金星など他の惑星と比較すること

で地球のことがよりよく分かったり、他の恒星の活動を調べることで太陽活動への理解が深まったりします。

実はレヴィ＝ストロースは、天文学（宇宙物理学）と人類学との類似性についても述べています。

物理学によってある現象を理解するとは、その現象を説明するために必要な物理的エッセンスを見いだすことだという説明を前章でしました。

対象が遠くにあって詳しく観測することが困難な天文学は、現象を説明するために思い切った単純化、抽象化を行います。その単純化、抽象化のプロセスは、物理的エッセンスを見つけるプロセスそのものです。レヴィ＝ストロースは、人類学においても、他者の文化を外部の人間が見る時の地理的、知的、精神的距離が、かえって人間の多様な文化の中にある本質的な構造を見ることを可能にしているという点で、「遠くの対象を見る」学問[20]としての天文学と人類学に類似性を見たようです。

天文学や人類学に限らず、対象に対する客観的な視点を重視する科学研究は「離見の見」的な見方を重視していると言えるでしょう。科学の成功をもたらしたこの見方の積極的な意義は認めつつ、それが同時に持つ危険性について批判的な目を向けたのが、政治哲学者のハンナ・アーレントです。

アーレントは一九〇六年にドイツのユダヤ人家庭に生まれました。大学で哲学を専攻しますが、ナチスの台頭とユダヤ人への迫害が始まってからは抵抗運動などにも関わり、後に米国に亡命します。この経験から、個々の人間性を抹消してしまうようなナチズムやスターリニズムなどの全体主義を生むものは何かということに強い関心を持っていました。

アーレントの思想のよく知られた著作の一つに『イェルサレムのアイヒマン』があります。ナチス政権の役人で、戦後は南米に逃亡していたアドルフ・アイヒマンが、捕らえられてイスラエルで裁判を受けた時の傍聴記録です。この著作に「悪の陳腐さについての報告」という副題をつけています。アイヒマンが何をした人物かというと、彼はナチスが行ったホロコースト（大量虐殺）において、迫害の対象となったユダヤ人をはじめとする大量の人々を各地の収容所へ効率よく輸送するための責任者でした。

アイヒマンは役人として、想像を絶する数の人々を死に追いやったこの仕事を極めて有能にこなしました。彼は自分の裁判中に「一人の死は悲劇だが、集団の死は統計上の数字に過ぎない」という言葉を残しています。

このような所業を犯した彼のことを、多くの人が悪魔かモンスターのような存在のように見ていました。

しかし裁判を傍聴したアーレントは、アイヒマンは悪魔でもモンスターでもなく、ただの凡庸な小役人に過ぎなかったと報告しました。

彼は虐殺の対象となったユダヤ人をことさら憎んですらいませんでした。にもかかわらず彼をしてあのような残虐な行為をさせてしまったのは、その無思想性、つまり、**自分が一体何をしているのかを考えるのをやめてしまった**ことにあると、アーレントは喝破したのです。

アーレントはこの著作によってユダヤ人同胞から激しい非難を浴びますが、その主張を取り下げることはありませんでした。

一九五八年に出版されたアーレントの主著『人間の条件』の冒頭は、その前年に起きた人工衛星の打ち上げについての記述から始まります。アーレントにとって、宇宙時代の始まりはフロンティアを開拓する人類の夢を実現するものでもなければ、宇宙を舞台にした軍事競争の懸念をかき立てるものでもなかったことは、以下の記述からも分かります。

「地球に縛りつけられている人間がようやく地球から脱出する第一歩」というこ

の発言が陳腐だからといって、本当はそれがどんなに異常なものかを見逃してはならない。

アーレントは、ついに地球から離れる術を身につけたことが、人間を人間であらしめていた拘束条件から解き放つものであり、それが人間にとって計り知れない何かをもたらすと考えていました。その「何か」は、おそらくはよくないもの、あるいは今の人間の価値観におけるよいとか悪いとかを超越したもの――それは単純に「悪いもの」よりも恐ろしいものであるように思いますが――であるように思います。

アーレントは、「近代」をもたらした最も重要な出来事の一つは望遠鏡の発明であると述べています。彼女によれば、それは望遠鏡の発明が、「地球の自然を宇宙の観点から考える新しい科学」、すなわち地球上の人間の活動をもこの宇宙における一つの現象として、まるで何かの法則に従って発生するような見方をもたらしたからです。アーレントはこのような視点を「アルキメデスの点」と呼びました。てこの原理を説明するために、充分長い棒と適切な支柱さえあれば地球さえも動かして見せようと言った、古代ギリシャの哲学者・アルキメデスの名前からとったものです。アルキメデスは実際に地球を出てゆくことはしませんでしたが、思考の中では地球を離れて外から地球を見ることができました。

気づかれた方も多いと思いますが、アーレントの言う「アルキメデスの点」から地球を見ることは、まさに「離見の見」なのです。

世阿弥やレヴィ＝ストロースが「離見の見」を肯定的に捉えていたのに対し、アーレントの評価はやや複雑ですが、基本的には批判的です。アーレントによれば、外から客観的な自身を見つめる「アルキメデスの点」の獲得は、近代科学の成功の基礎にあるものですが、その視点を地球とその上で暮らす人間の営みにまで適用することは極めて危険なことです。

私たちは観察者ではなく、宇宙のドラマの俳優である

宇宙物理学者としての私は、アーレントのいうアルキメデスの点からの見方が、自分の中にもあることを感じます。ビッグバンで始まり、重力の法則に従って星が生まれ、量子力学の法則に従って元素が合成され、やがて地球や生命、そして人間が誕生する宇宙の進化を振り返る時、私は地球どころか宇宙の外に立って宇宙を見ています。

地球や生命が誕生する辺りから宇宙の複雑さが飛躍的に増してきていて、たとえ自然

法則が分かっていても何が起きているのか分からないこの世界をなんとか把握しようともがいているわけですが、それでも自然法則にのっとってこの世界の様々な現象が生じているという世界観は確かにそこにあります。

物理学を使って世界を理解しようとしている私は、知らない間に、太陽フレアを研究するのと同じような視点で人間のことを見ているのかもしれません。

この宇宙に存在する四つの基本的な力のうち、「電磁相互作用」と「弱い相互作用」という二つの力を統合する理論を構築してノーベル物理学賞を受賞した、著名な物理学者のスティーブン・ワインバーグは、一般向けに書かれた『宇宙創成はじめの3分間』という書籍のあと書きで、「宇宙が理解できるように見えてくればくるほど、それはまた無意味なことに思えてくる」と書いています。彼はその後続けて、そうは言っても人間は自らの営みで人生に意味を見いだすことができる、という趣旨のことを書いてはいるのですが、それでもワインバーグのこの言葉は、アルキメデスの点に立つ科学者の見方がつい現れてしまったものであるように感じます。

一方、同じ物理学者であるダイソンの立場はワインバーグとは異なります。実は、先に紹介した「宇宙の長期的な未来を詳細に検討するためには、生命と知性の影響を考慮しなくてはならない。」というダイソンの言葉は、ワインバーグの「宇宙は無意味なことに思えてくる」という言葉への批判的な応答として書かれたものでした。

いつか必ず死ぬということは人がどのように生きるかを決定づける非常に大きな要素ですが、アーレントにとっては、人間という存在が持つより本質的な要素は、次から次へと新しい人間が生まれてくるということ、そして人間は新しいことを始めることができるということでした。

人間の営みもまた自然現象のようなものであり、自然の法則のようなものに従って振る舞うという世界観、あるいは人間観は、アーレントのそれとは決して相容《あいい》れないものです。なぜならそれは、今までになかった新しいことを始めるという人間の能力を否定するものだからです。

ダイソンは、知的生命が何をするかを考慮することなしに、宇宙の未来は予測できないと述べました。つまり、知的生命には、それまでの宇宙には無かった、何か新しいことを始める能力があり、それこそが宇宙の未来を作り上げてゆくということです。なお、私たち人間が知的生命と呼べるほど賢いのか？　という疑問は「車椅子《くるまいす》の天才物理学者」として有名なスティーブン・ホーキングもかつて言っていましたが、私たちの子孫が私たちよりも知的になってくれることを望みながら、とりあえずは人間も知的生命に含んでよいことにしておきます。

ダイソンはこのことを、「われわれは、単なる観察者ではなく、宇宙のドラマの俳優なのだ」と表現しました。ダイソンのこの態度は、アーレントが警鐘を鳴らしたアルキメデスの点へ立つ科学者に対する、一つの応答になっていると私は思います。

グロテスクな希望

宇宙進出が人間に何をもたらすか、ということに関する議論をまとめたいと思います。宇宙空間に浮かぶ地球の写真は、この惑星の上で生きる運命共同体であるという地球市民的な意識を醸成したとともに、人間の生存に適さない環境に囲まれたこんなにもはかない星に生きているという不安感や、この狭い地球の上でひしめき合うように生きていかなければならないという閉塞感もかきたてます。

人口増加とグローバル化による文化の画一化によって息苦しさを増す地球から出てゆける、少なくともその可能性があるということは、この地球での生きづらさを感じている人にとっては一つの希望になり得ます。

また、人や物の往《ゆ》き来はもちろん、電波による通信すら容易でなくなる地球外に、地球とある程度隔絶した人間社会ができることは、人類がその文化的多様性を維持するという点からも希望をもたらしてくれます。

ですがそれらの希望は、今の私たちが思うよりよい未来が実現するという単純なものでは恐らくありません。

様々な私的理由で、地球に背を向けて宇宙へ出てゆく人々の集団が、地球とは異なる環境に適応するために科学・技術を駆使して、生命や人間自身すら改変しながら作り上げてゆく新しい文化や社会は、今の私たちにとっては受け入れがたい、あるいは理解すらできないようなものになるかもしれません。

生物学者のJ・B・S・ホールデンの有名な言葉に、「宇宙は我々が想像する以上に奇妙などころか、想像できる以上に奇妙なのだ」というものがあります。知的生命としての人間が地球を飛び出して形作る新しい宇宙の姿は、古代の人がコスモスという言葉で表した調和のとれた世界ではなく、ホールデンのこの言葉が形容するような、今よりさらにカオスじみた世界でしょう。人間の宇宙進出がもたらすのは、このようにグロテスクな希望です。

この宇宙のカオティックな複雑さ、多様さに惹かれる宇宙物理学者としての私には、宇宙へ出て行く人間が作り出す奇妙な世界と、そこに生きる新しい人間の姿を見てみたいという強い好奇心があります。

しかし、人間のあり方を条件づけてきた地球という場所を離れ、人間が科学・技術を駆使して自ら人間の形を変えてゆくことが、自分自身や同時代に生きる人々の幸せをもたらすことかと問われれば、そうは思えません。

生命としての人間を改変することは、少なくとも極めて慎重に行うべきであり、宇宙進出よりも優先すべき地球上の課題はたくさんあると考えます。

宇宙という大きなスケールで見た時と、一人一人の人間という小さなスケールで見た時に、異なる考えを持ってしまうわけです。このアンビバレンスをうまく表現している、生態学者であり文化人類学者でもある今西錦司《いまにしきんじ》の次の言葉を引用して、本章を終わりにしましょう。

> 私なんかは、自分の一生については自然が破壊されていくのを悲しんだりしている。けれども人類の一生を考えたらサイボーグでもなんでもいいから、もっと発展してほしいという気持ちになるね。[*21]

＊13　**絵本『宇宙―そのひろがりをしろう』（98ページ）**
加古里子さんは『からすのパンやさん』や『どろぼうがっこう』などの作品で知られる絵本作家ですが、工学博士の学位を持っており多くの科学絵本も描いています。『宇宙―そのひろがりをしろう』（福音館書店）という作品はノミがジャンプするページから始まり、ページをめくるごとにスケールが大きくなって、やがて銀河系のさらに外側まで、出版当時知られていた宇宙全体のスケールにまで広がって終わる本です。

＊14　**フリーマン・ダイソンの論文「Time without end」（110ページ）**
Freeman J. Dyson, 1979, Reviews in Modern Physics, 51, 3

＊15　**日本ダウン症協会　玉井邦夫理事長講演録（124ページ）**
日本産科婦人科学会・公開シンポジウム「出生前診断　―母体血を用いた出生前遺伝学的検査を考える―」財団法人日本ダウン症協会 玉井邦夫理事長 講演録
「何を問うのか 新しい出生前検査・診断とダウン症」より。2012年11月13日。
http://www.jdss.or.jp/project/images/05/symposium.pdf

＊16　**バートランド・ラッセルの論文（127ページ）**
Bertrand Russell（1924）"ICARUS, or The Future of Science"
インターネットで読むことができます。（英文）　https://www.marxists.org/reference/subject/philosophy/works/en/russell2.htm

＊17　**137ページから第3章最後までの内容（137ページ）**

ここに書かれている内容の主要部分は、磯部洋明「宇宙の演者か、それとも観察者か」（現代思想2017年7月号）で発表した論文が元になっています。

＊18・19 **創造性をもたらす多様性について（150・156ページ）**
クロード・レヴィ＝ストロース 「はるかなる視線」みすず書房

＊20 **レヴィ＝ストロースが、天文学と人類学に類似性を見たようだ、ということ（158ページ）**
宇宙進出は、遺伝子工学や生命工学、ロボット工学を駆使したヒューマンエンハンスメント、あるいはそれらの技術が人間と人間以外の境界領域の存在を創り出してしまうような、ポストヒューマン問題と不可分であることは、稲葉振一郎『宇宙倫理学入門』でも論じられています。

＊21 **今西錦司の言葉（167ページ）**
梅棹忠夫著 小長谷有紀編著 梅棹忠夫の「人類の未来」暗黒のかなたの光明 勉誠出版収録

第4章

学問と生きる

長島愛生園

本書では私がこれまで関《かか》わってきた様々な研究について紹介してきました。

私自身は本書の執筆を通して、自分がこれまで取り組んできた学問という営みが、結局のところ何なのかを考え直す作業でもありました。最後にもう一度この問いに立ち返ってみたいと思います。

私が専門分野の研究者としてその分野の方法論や先行研究の蓄積をきちんと踏まえて語ることができるのは、宇宙物理学の中でも太陽に関わる研究のごく狭い範囲だけです。その狭い範囲だけでも、一人の研究者がその一生をかけて取り組む価値のある奥深い世界が広がっています。しかし、私たちが生きているこの混沌《こんとん》とした世界は、一つの専門分野だけでは捉《とら》えきることができません。

自分の専門分野を飛び出て、歴史学、人類学、倫理学など様々な分野の専門家と共同研究をすることで、宇宙物理学という一つの分野に留《とど》まっていてはできなかったような研究に携わることができました。その成果は論文や学術書として形になっています。ただそれを通して私自身が得たものは、論文に書ける研究成果に留まりません。

様々な研究分野の独自の方法論や世界観を吸収して、それを宇宙物理学の分野で自分が培ってきたものと突き合わせることによって、世界の見方を前よりも重層的にすることができたのが、より大きな収穫だったと思います。

そもそも、他分野の研究者たちとの議論を通して私自身が考えたことを書いた第3章で私が書いたことが、一体何かの研究成果と呼べるのかどうかも、私にはよく分かりません。若い時に物理学・宇宙物理学の分野で研究者としての訓練を受けた私にとって、研究とはある未解決の問題を設定して、その答えを探すことでした。

その意味の研究とは少し違ったものだったと思います。

他分野、特に人文・社会科学系の専門家たちが、各分野の方法論にのっとってその歴史的蓄積の上に新たな知を積み上げるのと同じことが、その分野の基礎的な修練を積んでいない自分にできるとも思えません。

ですが、混沌としてわけの分からないものに満ちた複雑怪奇な宇宙にどうしようもなく惹《ひ》かれ、そんな宇宙に自分が生きていることをどう捉えたらいいのかということを考えるようになった私にとって、第3章に書いたようなことを考えてしまうのはどうにも避けようのないことでした。それが研究と呼べるのかどうかということは大した問題ではありません。

研究も学問も学術用語ではなく一般的な言葉であり、それぞれの言葉の厳密な定義をすることが目的ではありませんし、これまで様々な識者が展開してきた「学問論」を踏まえているわけでもありませんので、以下の話はあくまで私がどのように考えるかということに過ぎないことはお断りしておきます。

私は、学問というものは、未知のものを明らかにする研究とも、過去の人が明らかにしてきたことを学ぶ勉強とも異なり、両者を含んではいますが、もう少し広い概念だと思っています。どのように生きるかを考える、というのが近い感じです。

ある人にとっては、それは「自分とは何なのか」を問うことなのだと思います。私自身は、周囲に広がる世界が面白すぎてあまり自分の内面を見つめてこなかったからか、あるいはたまたま私があまり複雑な中身の無い人だからなのかもしれませんが、「自分とは何なのか」という問いはそこまで心に差し迫るものとして感じません。でもそれこそが切実な問題だと感じる人がいることは一定の共感を持って想像できます。

私にとっては、気づいたらその中で自分が生きていた、この混沌とした世界が一体どういうところなのか、何とか把握しようともがくことです。

はるか彼方《かなた》の天体で起きている想像を絶するような現象から、人間とその社会が織りなす奇妙で不条理な営みまで、少しでも見通しのいいやり方で、かつ大事なことを見落としてしまわないように、いろいろなやり方で理解し把握しようと試行錯誤すること。

そしてそれを通して、自分はこの宇宙でどう生きるのがよいのかを考えることが、私にとっての学問です。

多くの人にとっては、このような抽象的な問題よりも、「生きる糧を得るためのすべを得る」ことの方がよっぽど切実な問題だと思います。畑を耕したり、就職口を得たり、家族や友人と支え合ったり、様々な社会制度を活用したりして人は生きてゆくわけですが、そのために様々なことを学んだり、スキルを身につけたりすることもまた、どのように生きるのかを考えることだと思います。何か実用的なスキルを身につけて就職したり、支え合う人間関係を構築したりすることも、自然や他者など自分を取り巻く世界を把握して、その中に自分がどう生きるのかを見いだすことですから。

大学は学問をするところです。大学が学問をするのに向いているのは、様々な専門領域で積み上げられてきた知識や思想や方法論と、それについて語り合うことを求める人が集まっているからです。少なくとも大学はそのような場であるべきだと私は思います。ですが、大学だけが学問をする場所ではありませんし、大学で行われているような最先端の知を積み重ねることだけが学問ではありません。

宇宙を見ること、学問をすることの意味をもう一度考え直すため、本書の最後にあと一つだけ、私が細々と続けてきた調査について紹介します。

長島愛生園の天文台

国立療養所・長島愛生園《あいせいえん》は、日本で最初の国立ハンセン病療養所です。岡山県東部、瀬戸内海に浮かぶ長島という島に位置しています。設立は昭和六年（一九三一年）、多い時には二千人超の患者を収容していました。園のホームページによれば、平成三〇年五月一日時点で入所者数は一六四名、平均年齢は八五・五歳、平均在園年数は六〇・四年となっています。

ハンセン病とは、かつては「らい病」と呼ばれた感染症の一種です。有効な治療薬が普及するまでは不治の病と考えられていたこと、病状が進むと身体や容貌《ようぼう》の大きな変化を伴うことなどから、かつては最も恐れられていた病気の一つでした。また遺伝病という誤解もあり、患者本人、そしてその家族までが厳しい差別を受けてきた歴史があります。

日本では明治から昭和初期にかけて、療養所に患者を強制的に隔離する政策が進みました。多くの患者は差別が家族にも及ぶことを恐れ、名前を変えて故郷とのつながりを断ち、一生療養所から出られないことを覚悟して入所しました。差別の隔離政策は、戦後まもなく特効薬が普及してハンセン病が治る病気となった後も続き、国の隔離政策を定めた「らい予防法」が廃止されたのはなんと平成八年（一九九六年）のことでした。

ハンセン病が治癒した後も、様々な社会的要因から療養所を出て社会復帰をすることがかなわなかった回復者の方々が大勢います。全国に十数カ所あるハンセン病療養所には、今も回復者の方々が住んでいます。

この長島愛生園には、戦後の一時期、昭和二四年から三〇年代にかけて、天文台が設置され、太陽黒点や星の[*22]掩蔽《えんぺい》観測が行われていました。観測を行っていたのは、ハンセン病の患者として愛生園に入所していた方々です。

長島天文台の設立とその後の観測には、二人の天文学者が深く関わっています。一人は、京都大学花山天文台の初代台長だった山本一清《いっせい》博士、もう一人は彗星《すいせい》や新星を多く発見したことで知られ、倉敷天文台で活躍された本田實《みのる》さんです。この京都大学花山天文台は、昭和四年に設立された、日本の近代的な天文台としては東京天文台（現在の国立天文台）に継ぐ長い歴史を持った天文台であり、私が京都大学での大学院時代を過ごした場所でもあります。

天文学の普及とアマチュア天文家の育成に努めていた山本博士は、昭和一四年一二月に愛生園を訪問して天文に関する講演を行っており、昭和一六年一一月二九日にはニュートン式五吋《インチ》反射望遠鏡を持参して同望遠鏡の説明及び天文に関する講演をしたことが、「長島気象十五年報」の長島気象観測所年譜に記録されていました。

園の機関誌「愛生」にはこの時の講演録も掲載されています。

この時の訪問をきっかけとして、山本先生が寄贈した五吋反射望遠鏡を、倉敷天文台で使われていたのと同じように屋根を両側に開閉するスライディンググルーフ式の観測小屋に設置した天文台が設置されました。

天文台建設に関する園とのやりとりは昭和一七年頃から始まっていますが、戦中戦後の混乱をはさんで、天文台が竣工《しゅんこう》したのは昭和二四年六月のことです。

竣工式には倉敷天文台から本田さんが列席した記録があります。

完成後は、入所者たちが太陽黒点の観測を行い、その結果は東京天文台や、山本博士が京都大学退官後に設立された田上天文台（山本天文台）へも送られていたようです。山本博士が遺《のこ》された資料の中からは、長島天文台から送られてきた黒点観測の記録がいくつも発見されています。また、星の掩蔽観測を行ったり、観測所員以外の入園者に向けた観望会なども開いていたようです。

天文台の観測は昭和三〇年代後半頃には終わってしまったようで、山本博士の資料から見つかっている黒点の観測記録もその頃で途絶えています。望遠鏡は英国の名人であるジョン・カルバーが製作した鏡を用いた貴重なものだったのですが、その行方は分かっていません。

山本博士の遺された資料の中に、天文台建設の話が持ち上がっていた昭和一七年に愛生園から届いた手紙があり、今も京都大学に保管されています。

手紙の送り主は入所者の依田照彦さんという方です。

差し出し人の名前とその手紙の内容は、山本博士の資料整理を行っていた元京都大学教員の冨田良雄さんがまとめた報告集[*23]に記載されています。私もその手紙の実物を読んだことがありますが、そこには天文観測にかける熱い思いが記されていました。

「私は兼てより星座や天文に趣味を持ち、先般先生が御寄贈下さった望遠鏡が設置せられたら、是非その方の係りにさせて戴こうと思っておりました。そして自来、夜空の星座を仰いだり、天文書を読んでひそかにその日の準備を致しておりました。（中略）私は昭和六年高工機械科卒業後東京目黒の海軍技術研究所に奉職致し、光学兵器研究室で山田幸五郎先生の下で、レンズの設計をしばらくやったことがあります。その頃より望遠鏡に非常な魅力を感じそれを通して観る星空に大きなあこがれを抱いて来ました。しかし今日までその希望を叶える機会もなく打過ぎました。愛生学園にいた時は毎年夏期講習として、星座や星の話をプリントしては児童達と一緒に星の世界を眺めて楽しく宵を過ごしたこともあります。（中略）今後私はこの島に一生を終わる運命にあり、生をかけてこのことをやりたい念願です。」

この手紙には、依田さんたちが天文の勉強に使っている参考書を列挙し、今後どのように進めていったらよいか教えを請う旨も記されています。山本先生の資料の中には、当時の光田健輔園長や愛生園の職員と、天文台の設計についてやりとりした手紙も残っており、園として天文台の建設を積極的に支援したことがうかがえます。

愛生園の気象観測所

長島天文台のことを語るにあたっては、愛生園の気象観測所について説明しないわけにはいきません。愛生園が発行している「長島気象十五年報」によると、気象観測所は愛生園ができてまもない昭和一〇年に設置され、気温、湿度、風向、降水などの気象観測が入所者の方々によって行われていました。当時のハンセン病療養所では、軽症の患者は「患者作業」と称する様々な仕事に従事しており、気象観測もそのような患者作業の一つと位置付けられていました。ただしそのような患者作業は他のハンセン病療養所では見られず、気象観測所は愛生園に独特のものでした。

気象観測所の設置にあたっては、岡山測候所（今の岡山地方気象台）から機材の貸与があった他、蔵重所長、原技師といった方々が園を訪れて観測の指導を行ったと記録があります。長島気象観測所の観測データは岡山測候所に送られ、戦後ずっと後になってアメダスが設置されるまでは岡山測候所の正式な気象データとして使われていました。この業績のため、長島気象観測所は表彰も受けています。

気象観測を最初に行ったのは天野鉦太郎さんという方で、元々染め物関係の仕事をしていて天気に関心があり個人的に記録を付けていたことから、園の職員がもう少し本格的にやってみないかと誘ったようです。天野さんの後をついで昭和一九年から気象観測所の主任になり、戦後「長島気象十五年報」を取りまとめたのが横内武男さんという方でした。横内さんは「長島気象十五年報」の末尾に「気象観測二十年の歩み」という文章を記していて、ここに書いた気象観測所の歴史もそれに依拠しています。そして年報のあとがきに、横内さんは、気象観測に対する思いを以下のように書いています。

「この書を手にせらるる方々は、その諸表が単なる数字の羅列ではなく、その一つ一つに観測者の命が刻み込まれていることを知って頂きたいのであります。そしてこの資料を、あらゆる方面に利用し、活用して頂きたいのであります。この書が、いささかでも世に益することがあれば私達の病める命を活かし得たことになるのです。」

科学に関心の高かった横内さんは、ハンセン病に特有の神経痛と気象の関係についての研究も行っていました。その成果を愛生園の伊東正保医師との共同発表として、昭和二八年に瀬戸内の研究会で発表しています。その後、病状が悪化した横内さんはその研究を仕上げることはかなわなかったようですが、その成果は後に伊藤医師が「らい患者の神経痛と気象との関係に関する横内武男君の業績の紹介」というタイトルで、学術誌である「長島紀要」に発表しています。横内さんの研究内容は、気圧によって神経痛の具合が違うという経験を実証しようとするもので、痛みという主観的で個人差があるものを、園内の患者に処方された痛み止めの注射の数で客観的に測ろうというものでした。

実は、この横内武男さんというお名前は、天文学にかける思いを山本博士への手紙に記した依田照彦さんの本名です。[*24] ハンセン病の患者の多くは、家族へ差別が及ぶのを避けるために、仮名を使っており、横内さんも園外の人へ手紙を出す時はその名前を使っていました。実は依田さんは「アララギ」の同人として短歌も多く発表しており、没後、短歌仲間によって歌集も出版されています。

しかし、調べる限り、気象・天文観測に関する記録については、いつも本名である横内武男を使っていたようです。その心は推し量るしかありません。ペンネームを使うことも一般的である文芸作品の発表に対し、観測記録や研究発表に関しては、自らの生きた証《あかし》として本名を使いたかったのではないか、と私は想像しています。

横内さん＝依田さんの遺した短歌には、天文観測や気象観測を詠んだものがあります。『依田照彦歌集』からそのいくつかを紹介します。


天空に気流の乱れあるらしくゆらゆらとしぬ陽の映像は

分裂し環礁のごと散りばへる黒点群を克明に写す

この二つの歌は、長島天文台で行われていた太陽黒点観測について詠んだものです。気流の乱れによって太陽像が揺れる様子は、太陽観測をしたことがある人にはおなじみの様子です。二つ目の「環礁のごと散りばへる黒点群」の歌は、ぜひ図1（20ページ）

の黒点の様子と見比べながら味わって頂きたいと思います。

君が手に載せて明かりに見するミラーまことカルバーのサインがありぬ

「カルバーのサイン」とは、山本博士が寄贈した望遠鏡に使われていたミラーのことです。この歌は倉敷天文台の本田さんが愛生園に来園して、望遠鏡の使い方などを指導した際の歌のようです。

あきらめていてゐし眼にかすかに木星の衛星がみゆると一つ二つ三つ四つ

この歌はとても感動的ですね。ハンセン病は視神経も冒すので、病気が進行すると視力を失う人も多かったようです。依田さんも一時かなり視力が弱ったようですが、衰え行く視力の中でもう見えないかと思いながら木星に向けられた望遠鏡をのぞいた時の歌でしょう。

最後に私が一番好きな歌を紹介します。

自記気圧線鋭く墜ちぬ刻々の台風来を告ぐる夜更けに

この歌は天文ではなく気象観測についての歌です。自記気圧線とは、気圧計がロール紙に自動で書き込んでゆく気圧のグラフの線のことです。南方から台風が近づいて、気圧を示すグラフの線が急激に降下した、嵐の前夜の緊迫した様子を描いたものです。

私がこの歌を特に好きな理由は、この歌が文学者としての依田さんと科学者としての横内さんが融合した歌だと思うからです。この歌において横内さんは屋外に出て自分の五感で自然を感じるのではなく、観測装置が示した数値データから、五感では感じられない遠方で起きている自然現象を「感じて」いるのだと思います。

それはまるで、観測装置が自分の身体感覚を拡張してくれるようなものです。訓練された科学者にとって、自分が日々使っている観測装置のデータは、単なる数字の羅列ではなく、それを通して世界を把握し、感じるためのものなのです。

横内武男さんは、大学の先生でもなければ最先端の研究者でもありませんでした。それでも横内さんの人生は、宇宙を探り、学問することの意味について、大切なことを私たちに語りかけてきます。

＊22 **掩蔽観測（178ページ）**
掩蔽とはある天体が他の天体の前を横切ることでその天体が隠されることで、星食とも呼ばれます。長島愛生園の天文台では、月による星の掩蔽の観測を行っており、そのために必要な時報を受信するための短波受信器を購入したという記録も残っています。

＊23 **依田照彦さんの手紙を掲載した報告書（180ページ）**
冨田良雄「山本天文台モノ資料紹介」第三回天文台アーカイブプロジェクト報告集収録（2012）http://hdl.handle.net/2433/164304

＊24 **依田さんと横内さんの名前（183ページ）**
依田さんの名も横内さんの名前も出版物に載っていますが、お二人が同一人物であるということを明確に記すにあたっては、横内さんが四〇年以上前に亡くなられておりその当時から血縁の方の消息も分かっていないことから、ご本人を知る愛生園の自治会長にご相談し、ご承諾を得ました。

対談「学問と生きる」

宮野公樹 京都大学准教授（学問論）×磯部洋明

磯部　この本のタイトルの案、編集の小川さんから最初に提案があったのは「宇宙の謎《なぞ》に挑む」だったんですよね。例えば宇宙の研究者になりたいと思っていた高校生の時の僕にとってはすごく魅力的に聞こえるだろうし、まあ実際に宇宙の謎に挑んでいるわけですから、いいかなとも思ったんですけど、学問ってそれだけでもないよなと思いました。

誰も知らない謎を解明するというのはとてもワクワクすることだし、それをしなくなったら研究者としてダメだと思うけど、でも自分がやってきたことは「謎に挑む」だけでは表現しきれないいな、と思って。

二〇一八年の四月から京都市立芸術大学に異動して、芸術を志す学生たちに自然科学の授業をしています。そこですごく感じるのは、芸大生の多くは、もちろん全員ではないですけど、勉強したことが何に使えるかではなくて、それが自分の内面に何を引き起こすかということに敏感なんですよね。もちろん、それが自分の作品制作に使えるかということもあるんだろうけど、新しい知識をストックしてあとでどう使うかということよりも、新しい知識や考え方を得て「へぇ〜」とか「すごい！」とか思って感動して、その感動が自分の内面をかき乱して耕してくれることを求めてるような、そんな印象を受けます。

それって、学問する場としてとてもよい場所だと思うんですよね。

また、長島愛生園で天文と気象の観測に取り組んでいた方々は、病気を抱える中で身体的にも相当しんどい中、取り組んでおられました。彼らがそこまで情熱を注いだ理由は、何か一つの要因だけには還元できない重層的なもので、ただ自然を見るのが好きということも、外部に認められて嬉しいということもあったと思う。

今の大学が、産業に役立つことをやれとかイノベーションをやれとか言われて、それに反発して基礎研究も大事だ、社会のあり方を問い直す人文社会科学も大事だとかいう反論があるわけですけど、なんだか言い合っているだけで断絶は埋まらないまま、結局「イノベーションで社会に貢献せよ」っていう声の大きい方に流されていってる気はします。学問の意義ってもっと多様で重層的だと思うんだけど。

宮野　これこそこのシリーズで話すにふさわしいと思ってる。「俺は宇宙を知りたいから調べるんだ」というだけじゃあかんやろというのはまさにそうで、「知りたいから調べる」だったら趣味と違わんやん。宇宙とは何だろう、存在とは何だろう、と結局考え詰めていったらどんどん謙虚になるんちゃうかな。『論語』でも「学べば則《すなわ》ち固ならず（学ぶことによって柔軟になる）」と言ってるように。「解釈」ということについて訊《き》いてみたかったことがある。科学も一つの宇宙の解釈の仕方なのだとしたら、「神様が宇宙を作った」というのと変わらんのじゃないかと。科学も神話も並行な存在じゃない？　と思うわけです。

本物の物理学者とは結構こういう話ができるけれど、こういうこと言われてイラッとする人も多いやろなと思う。

磯部　神話と同じだと言われたら、いくつかの反論できることはありますけど、まあ究極的には僕も同じようなものかなと思いますよ。ただ、科学の宇宙観も数ある神話の一パターンであるというのはちょっと違って、やはり質的な違いはあるとは思います。科学には科学を科学たらしめる独自のあり方は、なんやろ、端的にいえばそれを使って他者をどう説得できるか、その物語を他者とどう共有するのかという時のやり方にあるのかな。

宮野　それは面白い。科学は最強のツールやな。じゃあ、例えば、ビッグバンの前は何やの？

磯部　ビッグバンの前は無ですよ。無も完全に無ではないらしいけど。

宮野　無から有はでえへんよ。とにかくどう考えても、無から有はでえへん。ということは、宇宙は最初からあるわけ。最初からずっと。最初からあるってことは終わりも始まりもないわけで、ないもないわけ、あるもないわけ。あるといったら、ないとあるがセットになって、一元論的二元論なんだけど、それも超越しているから、宇宙はあるか、ないかどっちかやねん……ははは！　昔の人はそんなことを考えている。

磯部　「ある」しかないいんじゃないかな。

宮野　としたら、ずうっとある。言い方でごまかすのではなく、そうとしか言いようがないだけ。人知を越えてるわけだ。ここに行き着く。

磯部　神話と科学の違いとして「他者を説得するやり方」みたいなことをさっき言ったけど、科学には説得されないけれど神話に説得される人ってのもいますね。

宮野　そのとおり。そこで、宇宙とは何かとか存在とは何かとか自分とは何かとか、この話を続けていったら、最後は幸せの話になります。自分の幸せとは何かということを考えて、そうしてそのために自分はどっちを信じるのかという話になる。

磯部　他者を説得できるという言い方をしたけど、僕らは何かを他人と共有したいんですよね。以前宮野さんが主催した「学会」の役割を考えるシンポジウムに出た時に、研究の質を担保するとか若手の教育とかいろいろ出てたけど、学会だって一番本質的なところには、共通の興味を持っている人たちが集まって「これめっちゃおもろいな！」って言い合いたいという、根源的な欲求があるんだと思う。もし、生命維持はできるけど、生涯たった一人で誰にも会えない、自分が残したものが誰に共有されるわけでもない惑星で生きることになって、そこで望遠鏡とパソコンがあるから研究するかと言われたらどうするやろ。するかもしれないけれど、しないような気もする。よく分からない。

宮野

誰かと話すのは単純に楽しいし、プラトンだって対話というものこそ命だ、と言ったからね。あと、言い合って勝ちたいというのも昔から変わらんわけで。他人よりも優位でありたいというのは人間の性《さが》だし。

　劇作家で評論家の山崎正和さんが、ある物理学者に投げかけようとしてできなかった質問があるんやけど。彼曰《いわ》く、宇宙だって一回こっきりのことやから、歴史と同じで結局一回こっきりの過去を見ていることと変わらんから、それってつまり実験できないってこと。科学は反証可能なものとポパー[*25]はそれを狭めてしまったんだけど、宇宙の場合、もし別の宇宙があったら物理法則も検証できると思うけれど、それができないってこと、どう受けとめたらいいんだろう。

磯部 宇宙の「歴史」っていうくらいですから一回こっきりですよね。もちろん宇宙の中のいろんなところで起きている物理現象には共通の普遍的なものがあると思ってるから、その意味では普段の研究の手法は普通の物理学と基本的には変わらないですけどね。太陽のことを「プラズマ物理の実験室」って言うこともあるし。でも、究極的にはたしかに「歴史上一回だけ起きたこと」に関心があるわけで、まあ方法論とか手続きとして再現実験できるかとか反証可能性があるとかいうことの重要性は分かるけど、僕も本質的な興味はそこにはないです。

宮野 そやな。俺もさっき注意深くも「狭めた」と言ったけれど、その通りやな。まさに人生だってそうだから。

磯部 その一回こっきりのことにこだわるのが我々のしたいことであって。

宮野　僕らは時間という中で存在している人間だ。

――宇宙の研究にはどういうものがあって、その中で磯部さんの太陽の研究はどんな位置をしめているのかを教えてください。

磯部　うーん、僕は宇宙物理学の研究者としては太陽の研究が一番メインではあるんだけど、全然違うこともいろいろやってるというのが特徴みたいなところもあるので、何を説明したらいいのかな。
　まず天文学と宇宙物理学は、ほぼ一緒の意味で使われますが、望遠鏡で天体を見るのが何より好きな観測系の天文学者には、こういう、物理学を使って解明したいというより、それまでの理論では説明できないような新しいものを見つけてやりたい、というタイプの人が結構いますね。探検家系とでも言うのかな。
　僕は観測データの解析もやりますが、新しいものの発見というより物理を使って理論的な説明を与えるのが好きですね。観測家が「ほらこんな変なもの見つけたよ」と提示してきたものに理論家が「いやいやそれはこういうものだから」と説明をつけていく、みたいなのを繰り返しながら進んでいく感じですかね。

京都大学には天文台はあるけど、理学部の天文学科というのはなくて、宇宙物理学教室と呼んでいます。宇宙物理学教室を作ったのは第八代の京大総長でもある新城《しんじょう》新蔵先生なのですが、この方がドイツに留学して「物理学を使って天体現象を理解するのが現代的な天文学である」という確信を得て、一九一八年に宇宙物理学を設立したそうです。この本にも書いたように、最近は宇宙生物学とか、僕らがやってる宇宙人類学とか、物理学の範疇《はんちゅう》に入らないのが出てきましたけどね。

宮野　宇宙化学もあるの？

磯部　ありますよ。まあ宇宙生物学ほど「独立した新しい分野です」感は出してなくて、やってる人は宇宙物理学者といってもいいんだけど、宇宙の現象を理解するのに化学の知見も使ってるって感じですかね。僕はあまり詳しい分野じゃないのでちょっと適当なこと言ってるかもですけど。

宇宙空間というのは大抵かなり低温で、しかも時間スケールが長いので、地上の実験室の環境と時間スケールでは形成されないような、変な形の分子がいろいろあるそうです。そういう分子がどういう波長の電波を出すかを計算して、実際に電波望遠鏡のデータと照らし合わせて、「こんな分子あった！」みたいな研究があったりします。

最近は生命関連物質の起源という文脈で、宇宙物理学と宇宙生物学をつなぐような位置にあると言えるんじゃないかと思います。変わった分子ができて何が面白いかといえば、やっぱり生き物っぽいものにつながる何かが面白いですからね。

――今、民間の宇宙ビジネスが盛んになってきていますが、そのあたりへの言及もいただければ。

磯部　そのへんは宇宙人類学の話と関係が深いですかね。まず現実的なことにも触れておくと、日本の宇宙開発って、長らく政府のやる事業が中心だったわけです。でも政府機関、要するにＪＡＸＡですが、それだけで宇宙開発ができるわけじゃありません。ＪＡＸＡが開発や設計に関与はしますが、実際にロケットや人工衛星を作っているのはメーカーですから、これらの企業がなければ日本の宇宙開発は成りたちません。

ところが、ロケットや衛星の開発製造って大規模な設備や特殊な部品が必要なのに、政府の宇宙関係予算ってせいぜい二五〇〇億から三〇〇〇億円くらいなんですよね。もちろん巨額のお金ではあるんだけど、メーカー系の大企業から見ればとても小さな市場です。大変な割に儲《もう》かる事業じゃない。企業の中にも「宇宙をやりたい！」という人は多いし、そういう思いを持った優秀な若い人を引き寄せる力もあるし、国を支えているという責任感もあると思うので、今のところ続けてくれていますが、ビジネス視点だけなら宇宙から撤退してもおかしくない。

実際に中小の部品メーカーなどは宇宙事業から撤退するところも増えていました。ところが、民間企業が撤退してしまうと、国内でロケットや衛星が作れないということになってしまう。宇宙技術は軍事への関連も深いのでなかなか他国に依存するわけにもいかない。そうすると日本の宇宙開発が立ち行かなくなってしまいます。これに危機感を抱いた日本政府は、民間による宇宙利用を活性化させることで、ロケットや衛星への需要を拡大し、それらを製造する宇宙機器産業の技術力や経営基盤を維持することを政策の大きな目標にかかげています。民間の活力を国の宇宙開発を進めるにあたっても重要視するという構造は、米国や欧州にも共通です。

そういう実際的な背景もあるのですが、じゃあ民間企業の宇宙ビジネス参入の話がよく聞こえてくるのは、みんなが「これは儲かる」というニオイをかぎつけて寄ってきているのかというと、僕はビジネスにはとんと疎いのですが、でもなんかあまりそういう感じも受けないんですよね。もちろんビジネスなんだから経済的合理性を考えないわけはないし、政府の思惑も横目で見てるんだろうけど、経済的合理性だけじゃない「とにかく宇宙やりたい！」みたいなふわっとしたところがどこかあるのが、宇宙分野の不思議なところだなと思います。

実は最近、図書館に通って過去の主要新聞の宇宙開発に関する社説とかを集めてるんですよ。

宮野　ほう。それ面白そう。

磯部　これほんと面白いというか、ちょっと気持ち悪い感じもあります。アポロが月に行ったりしてた宇宙開発の初期の頃は、米ソの軍事競争だということを意識しながらも、これは人類としての偉業であるみたいな、コスモポリタニズム的コメントがいつもついてまわるんですよね。ところが世紀末から二一世紀になると、

「すごいぞ人類」が「すごいぞニッポン」に変わってくるんですよね。

それこそ小惑星探査機の「はやぶさ」が帰還してブームになった頃とか。宇宙なのに、どんどんナショナリズム的になってる。

国の政策文書でもそんな感じで、これは一緒に研究してる京大の大学院生が調べてるんですけど、科学技術白書とかでも、八〇年代くらいまで「人類への貢献」みたいな文言が結構並んでたのが、世紀末あたりから「我が国の国際的競争力」みたいなのが前面に出てくるんですよね。

高度経済成長でいろいろなものが右肩上がりだった頃は、人類のための宇宙開発みたいなことをやる余裕もあったのだろうけど、厳しい財政事情の中で何のためにやるのかということが厳しく問われるようになった今の時代、宇宙開発、特に人間を連れて行くということは、すごく正当化が難しいことなんですよね。

本文でも書いたように、身勝手な人が自分たちでリソースを調達して自分の理屈でどんどんやっていく。それって何だか、ある種の解放感があるんですよね。

こんな狭い地球に百億人も住む時代に、なんとか資源や食糧を奪って殺し合いをせずに乗り切るというのは、近未来の人類の最大の課題だと思うのですが、宇宙がそれに直接貢献できるとは考えにくいけど。

でもそういう時代に本当に、切実に必要なのは、decent であることだと思うんですよね。ディーセント。上品って訳されることもありますが、一番近いのは何やろ、「ちゃんとした」ってとこかな。

ちゃんとしとかなダメなんですよ。人口百億人時代を、殺し合いもせず、目を背けたくなるような悲惨を生まず、なんとか乗り切るためには。

宮野 「ちゃんとする」、それをある人は美意識と言ったね。「明日世界が終わろうとも、同じように木を植える」みたいなね。つまり、死ぬからといって、好き放題やるんじゃなくて、人間として生きる美意識が大切だと。昔の人も言ってることだけどね。

今のを聞いて思い出すのは、京大でやった学際研究着想コンテストでも感じることがあるんやけど、宇宙関係にしても何にしても一生懸命、技術の話をして何かを作ろうとしてるんだけど、これやって人や地球に何かいいことあるの？　みたいなね。ネガティブってわけでもないけれど、それほどよくもないやんか。そういうことちゃんと考えずにとにかく技術的なことばかり話されてもなあと。今から作るならちゃんとしたものを作りたいし。そのことを思い出した。

磯部　その一方で、ちゃんとした人ばっかりだったらやらへんようなことをやるやつは絶対いるし、心のどこかでそれを期待してしまうようなところはあるんですよね。

宮野　中国で遺伝子操作ベビー作ったやつとか？

――ああいうことが出ると、ハードルが低くなるような気持ちになるのでしょうか。

磯部　まだどこまでほんとかよく分かってないみたいだけど、あの遺伝子操作ベビーのニュースを聞いていい感じは全くしなかったですよ。心からやめてくれと思った。一旦《いったん》誰《だれ》かがやってしまえばハードルが低くなってしまうから、ああいう研究は極めて慎重にしなければなりません。それは大前提。

本文でも書いたように、それこそ将来火星に移民するだとか、そういうロングレンジで見れば、ある種の能力や生物としての特性を獲得するための遺伝子改変のようなことが起きてくるのは避けがたいであろうとも思うし、そんな世界を見てみたいという気持ちはやはりあるわけです。安全に行けるなら僕も宇宙に行きたいですが、誰も行ったことのない場所に誰よりも先に行くよりも、火星に人が移住してそこで働く労働者のための居酒屋ができて、そこで火星人がくだをまいてるような、そんなカオティックな宇宙を見てみたい。

宮野 へんなやつも見たいという気持ちはすごい分かんねんな。科学者だけじゃなくて、おそらくみんなそうやろ。何か面白いことがあったら、やるやん。それは変わらんから。

磯部 とはいえ僕は、例えば自分が人間改変研究の許認可を審議する委員会のメンバーだったら、ぜったいダメだと言うか、少なくとも極めて慎重な態度をとると思います。どこかでそういうことを期待しているということがあるとしても。
そういう事態と出会った時に、自分がどうふるまうかみたいなことは、生きる上で大事なことだと思うし、学問はそれを鍛錬するためのものだと思いますね。学問だけがそれを鍛えるやり方ではないけれども。

宮野　今の俺はそっちのほう。やっぱりちょっと社会が科学に寄ってるところが気味悪い。科学をやっている人が、科学へのアンチの面をも持っていてちょうどいいくらいと思っている。哲学の人だって、ちょっと哲学アンチみたいなのが、学者としての正しいあり方だと思う。つまり、システムにいながらもそのシステムを疑う目を持つ。これ、まさに学問。汝自身《なんじ》を知れってやつ。

磯部　隠岐《おき》さや香さんの新書『文系と理系はなぜ分かれたのか』が出ましたけど、あの本でなるほどと思ったところは、学問が神様から離れる時、理系は人間の存在をバイアスの源だとみなした。つまり、人間がこうありたいとかこうあってほしい、というのを入れちゃだめで、そういうものから独立した客観的姿勢を追究するのが自然科学研究であると。それに対して文系の学問は、神様がこう生きなさい、これが価値あるもの、と言ってくれなくなったから、替わりに人間の中から、価値とは何か、そういうものを紡ぎ出さなくてはならなくなった。だから、人間的なものを真実を見る目を曇らせるバイアスだとするか、見いだすべき価値の源泉だと思うかというところで、方法論的に分かれるところがあるって話。これはすごくよく分かった。

宮野 存在の基盤を失った時に、道が分かれたと。

磯部 あくまでヨーロッパ人の話だから、我々はどやねんというのはありますけど。

宮野 そやねん。それこそ西田幾多郎《にしだきたろう》は、こういうヨーロッパのやり方とはぜんぜん違う、善という方法で到達していた。だから難しい。悟るもんだ、というところに行き着くから。ヘーゲルみたいに論理的にきちきちとした方法じゃないけれども、禅で「はっ、分かった、俺」というのも真理だと思っているからね。

俺は「あぁ」という言葉を使っているのだけれども。

俺が隠岐さんの本で面白かったところは、ヨーロッパ人も昔のほうがよかったって考えていたというところ。俺らは今、どんどん進歩していくと思っているけれども、当時の人々は、輝かしいアテナイ、ギリシアの時代があって、今は落ちぶれとるんだ、と（思ってた）。そうしたら新しいものに価値は無いわな。

磯部 古代の王朝が理想であるという考え方は中国にもありましたよね。

ダイソンは、宇宙の物理的な遠未来という自然科学的な対象と考えられるものにも、人間や知的生命がどう振る舞うかということが必然的に関《かか》わってくる、と言ってます。宇宙の観察者ではなく、アクターである。つまり中の人である、と言ったわけです。その問題に立ち入ると、もう客観性とかいう話ではないですよね。

宮野 もう少し他の人たちも客観、ということはあり得ない、ということに敏感であってほしいけれど。謙虚さが欲しい。

磯部 学問をする時の姿勢として、完璧《かんぺき》にはあり得なくてもできる限り客観性を追求するのは大事だと僕は思います。客観性っていうのを正しさの保証みたいにとると、宮野さんが言うようにそんなん厳密には無理やろってなるかもしれないけど、複数の人が何かについてできるだけ共通の理解を探ろうとする時のスタート地点としては大事ですよね。もちろんそれがとても難しいことだということは知っておかないといけないけど。

宮野 そう思う。先にも言ったけど、自分が今何をしようとしてて、それは何をしていることになるのか、という目が必要やねん。その有無が研究と学問の分かれ目だと思ってる。

磯部 宮野さんとは、学問って結局は生き方やん？ってところでは似ているけど、宮野さんはより個人の内省的なことに重きを置いていて、僕のほうはそれについて他者とどう話すか、みたいなことをより気にしてる気がします。学問観に人生観が表れてるのかもしれませんね。

*25 **カール・ポパー（1902〜1994）（193ページ）**
科学哲学者。「実験や観察によって反証可能であることが科学研究の基軸である」と主張した。

宮野公樹 MIYANO NAOKI
京都大学学際融合教育研究推進センター准教授。専門分野は、学問論、大学論、科学技術政策。一九七三年石川県生まれ。立命館大学大学院博士後期課程を修了。大学院在籍中、カナダMcMaster大学にて訪問研究生として滞在。立命館大学理工学部研究員、九州大学応用力学研究所助手、京都大学ナノメディシン融合教育ユニット特任講師、京都大学産官学連携本部特定研究員を経て、二〇一一年より現職。

参考文献

・宇宙科学一般についてのやさしい解説書はたくさん出ています。筆者が高校生の頃に読んだ本と、最近の一冊を紹介します。

『ホーキング、宇宙を語る―ビッグバンからブラックホールまで』スティーヴン・W・ホーキング著、林一訳、早川書房

『天文学者に素朴な疑問をぶつけたら宇宙科学の最先端までわかったはなし』津村耕司、大和書房

・天文学・宇宙物理学について専門的に勉強したい人向けの教科書も多く出版されています。宇宙を研究するための基礎的な物理学から勉強したい人は例えばこの本。

『シリーズ現代の天文学 天体物理学の基礎(1)(2)』観山正見、野本憲一、二間瀬敏史編、日本評論社

・理系の立場から科学とはどういう営みかということに関心がある方は

『物理学とは何だろうか　上・下』朝永振一郎(岩波新書)

『文系と理系はなぜ分かれたのか』隠岐さや香(星海社新書)

・もう少し専門的な本にチャレンジしてみたい人は

『科学哲学入門』内井惣七、世界思想社
『疑似科学と科学の哲学』伊勢田哲治、名古屋大学出版会
『科学が作られているとき—人類学的考察』ブルーノ・ラトゥール著、川崎 勝・高田紀代志訳、産業図書

太陽物理学について

・太陽物理学全般の一般向け解説としては
『太陽の科学 磁場から宇宙の謎に迫る』柴田一成、NHKブックス
『最新画像で見る太陽』柴田一成・大山真満・浅井歩・磯部洋明、近代科学社

・太陽活動の地球への影響については
『宇宙災害：太陽と共に生きるということ』片岡龍峰、化学同人
『太陽大異変　スーパーフレアが地球を襲う日』柴田一成（朝日新書）

・専門的なことまで勉強したい人は
『総説　宇宙天気』柴田一成・上出洋介編著、京都大学学術出版会

・歴史文献を使った太陽活動の研究については、まだ書籍は出ていませんが日本語の解説が日本天文学会の会報「天文月報」に出ており、インターネットで読むことができます。
「歴史書から探る太陽活動」磯部洋明、天文月報2017年7月号

「東アジアの歴史書に記録されたキャリントン・イベント」
早川尚志・岩橋清美、天文月報2017年7月号
「歴史書に眠る太陽活動1000年の再検討」
玉澤春史・早川尚志・河村聡人・磯部洋明、天文月報2017年7月号
「世界最古のオーロラ文字記録と図像記録」
三津間康幸・早川尚志、天文月報2017年7月号
http://www.asj.or.jp/geppou/contents/2017_07.html

宇宙の人文社会科学について

・**宇宙人類学に関心のある文化人類学者を中心に、筆者など理工系の研究者も加わっている「宇宙人類学研究会」の最初のまとまった成果として出版された本。第三章でも取り上げました。**
『宇宙人類学の挑戦』岡田浩樹・木村大治・大村敬一編、昭和堂
・**宇宙人類学研究会のメンバーの木村大治先生が書いた、宇宙人とのコンタクトを真面目に論じた本。**
『見知らぬものと出会う　ファースト・コンタクトの相互行為論』木村大治、東京大学出版会
・**宇宙倫理学の専門書は最近続けて出版されました。書名の印象とは違い、『宇宙倫理学』の方が入門的かつ網羅的な内容で、『宇宙倫理学入門』は本書の第三章の**

問題意識とも重なる内容や宇宙とロボット倫理学との関係などが掘り下げられています。
『宇宙倫理学入門』稲葉振一郎、ナカニシヤ出版
『宇宙倫理学』伊勢田哲治・神崎宣次・呉羽真編、昭和堂
・国際社会における宇宙開発のリアリティを分析した本としてはこちらがお勧めです。
『宇宙開発と国際政治』鈴木一人、岩波書店

フリーマン・ダイソンについて

・ダイソンが一般向けに書いた著作の多くは邦訳されています。本文で度々引用した本。
『宇宙をかき乱すべきか』F・ダイソン著、鎮目恭夫訳(ちくま学芸文庫)
・人類・生命の宇宙進出についても書かれている本。
『多様化世界──生命と技術と政治』フリーマン・ダイソン著、鎮目恭夫訳、みすず書房
・ダイソンの様々な思想に触れることができる書評・エッセイ集。
『反逆としての科学』フリーマン・ダイソン著、柴田裕之訳、みすず書房
・本文中で触れた、生命活動と個体間のコミュニケーションが永遠に続くかどうかを検討した論文。和訳はありませんがそれほど難解な英語ではないので、理工系の大学生や将来物理や数学を勉強したい高校生の方はぜひチャレンジしてみて下さい。
"Time without end: Physics and biology in an open universe" Freeman J. Dyson, Reviews of

Modern Physics, vol. 51, pp. 447

その他、第三章で紹介した著作

『レヴィ＝ストロース講義』クロード・レヴィ＝ストロース著、川田順造・渡辺公三訳、平凡社
『はるかなる視線（1）（2）』クロード・レヴィ＝ストロース著、三保元訳、みすず書房
『イェルサレムのアイヒマン』ハンナ・アーレント著、大久保和郎訳、みすず書房
『人間の条件』ハンナ・アレント著、志水速雄訳（ちくま学芸文庫）

・次の著作には、宇宙開発に関するアーレントの論文「宇宙空間の征服と人間の身の丈」が掲載されています。
『過去と未来の間―政治思想への8試論』
ハンナ・アーレント著、斎藤純一・引田隆也訳、みすず書房

・次の本の中で梅棹忠夫と今西錦司が未来の人類の宇宙進出について話しています。
『梅棹忠夫の「人類の未来」　暗黒のかなたの光明』梅棹忠夫 著、小長谷有紀 編著、勉誠出版

ハンセン病について

・ハンセン病の歴史については多くの書籍が出版されています。一般的な入門書として二冊挙げておきます。

『ハンセン病を生きて―きみたちに伝えたいこと』伊波敏男（岩波ジュニア新書）

『ハンセン病　日本と世界　（病い・差別・いきる）』ハンセン病フォーラム編、工作舎

・長島愛生園の天文台と気象観測所のことは現在ではほとんど知られていません。気象観測については、長島愛生園に勤務したことがあり、多くの著作も残している精神科医の神谷美恵子の著作にわずかに登場している場面があります。

『生きがいについて』神谷美恵子、みすず書房

・本文で紹介した「長島気象十五年報」は国立国会図書館で、「依田照彦歌集」は同館の他いくつかの公立図書館に所蔵されています。

「長島気象十五年報」国立療養所長島愛生園気象観測所 編

「依田照彦歌集」長島短歌会

・また、天文・気象観測には触れられていませんが、長島愛生園を含むハンセン病療養所の人々の営みについての丁寧なフィールドワークとしてこの本を推薦します。

『ハンセン病療養所を生きる―隔離壁を砦に』有薗真代、世界思想社

おわりに

本書を手に取って下さった方の中には、将来宇宙や物理の研究者になりたいと思っている方もおられると思います。最新の宇宙研究の成果や、研究者の生活がどのようなものかについて学ぶことを期待していた方にとっては、もしかしたら少々期待外れの内容だったかもしれません。

私にとって本書の執筆は、宇宙の研究者を志して大学に入学してから二〇年余りの間に自分がやってきたことがどういうことだったのかを考え直して、それを高校生の時の自分に知らせるような作業でもありました。当然の結果として、ある学問分野の客観的な説明というよりは、大いに主観的な学問観を語ってしまったように思います。それを面白いと思ってもらえるかどうかは読者の皆さんのご判断にお任せするよりありません。

おわりに

本書ではほとんど具体的に紹介しませんでしたが、研究と学生の教育以外に大学で学問をする人として私がやっている活動に、いわゆる科学コミュニケーションと呼ばれるような活動があります。コミュニケーションという言葉が表すように、それは科学について人々に分かりやすく伝えることも含みますが、一方的な伝達ではなく、相互に語り合うことを目的としたものです。

講演会やサイエンスカフェなどがよくある科学コミュニケーションイベントです。私はそういう活動に呼ばれて出ることもありますが、自分で企画に関《かか》わっているのは、「宇宙落語会」、「宇宙茶会」、「宇宙書会」など、アートや伝統文化とコラボしたイベントが主です。そうすることで宇宙や科学にあまり関心のない人にも来てもらいたいという狙《ねら》いもありますが、異分野の人と何かを一緒にすることが楽しいというのが一番の理由です。

そういったイベントやサイエンスカフェなどでは、研究者や学生ではない、一般の方に向けて宇宙や科学の話をすることになります。すると、質疑応答の時間に挙手された方が、長々とご自身のお話を始めることがあります。最後に質問の形はとるのですが、質問がしたいというよりは、ご自身の知識や考えをそこで披露したいという様子です。

お話の内容がその日のテーマに関連したとても有益な情報であったり、あるいは鋭い問題提起でそれによってよい議論が始まったりすることもあります。ですが、残念ながらそれほど有益に思えないお話が長々と続くと、会場が徐々に白けた気まずい雰囲気に包まれてきます。

これは科学イベント主催者にはわりとおなじみの悩みです。質疑応答の時間は限られていますから、一人の参加者が滔々《とうとう》と持論を述べるのに時間が費やされてしまうと、後で他の参加者から苦情が来てしまうこともあります。できるだけ発言者の方に失礼の無いように、やんわりと話を切り上げて頂くスキルが司会者や講演者に求められます。

正直に言えば、私もそのような参加者の方を迷惑に感じることがあります。みんなが学ぶ機会がその人の自己満足のために奪われている、限られた時間をもっと有益に使いたいというわけです。

しかし、この場合の有益とはどういう意味でしょうか。宇宙や科学に関する知識をできるだけ多くの人に効率的に伝えることでしょうか。そういうケースは当然あるでしょう。例えばそのイベントのテーマが食品の安全性や地域の防災に関することであれば、イベントの一番の目的は参加者の方ができるだけ多くの正しい知識と健康や防災への意識を持ち帰ることになると思います。

では天文学の場合はどうでしょうか。天文学が好きで、最新の研究成果を少しでも多く吸収したいという方はもちろんおられるでしょう。でも、知識を得るだけなら分かりやすい書籍もたくさん出ています。それに天文学の知識なんて（宇宙天気など限られた例外を除けば）それを知ったところで明日からの生活がどう変わるわけでもありません。研究者としては、自分の研究について多くの人が興味を持って聞いて下さればもちろん嬉《うれ》しいのですが、それには一体何の意味があるんだろう……。

そんな風に考え出すと、講演会で長々と自分語りをされることも違った風に見えてきます。その人にとっては、天文学について、あるいはそれに関係して自分がやってきたことについて、誰かに話すことがとても大きな意味を持っているのかもしれない。だとしたら、その人がそのような場を持つことができることは、「できるだけ多くの人ができるだけ有益な学びをする」ことと同じくらい意味があることなんじゃないかと、私は思うようになってきました。

そういうのは不特定多数が集まるイベントでやらなくても……という意見はもっとも

です。私も現実問題としては、普通の講演会等ではできるだけ多くの人に「有益な」質疑応答が実現するよう心がけます。ですが、二〇一〇年頃から継続して開催しているあるイベントだけは、時間を気にせず、参加者の方がどんなお話をされても傾聴するようにしています。それは、お坊さんたちと一緒に、京都近辺のお寺を会場にして数か月に一回程度のペースで開催している「お寺で宇宙学」というイベントです。

「お寺で宇宙学」では、毎回ゲストの科学者と会場のお寺のお坊さんが、それぞれお話をしたあと、参加者全員で車座になって飲み物や軽食を頂きながら科学や仏教について自由に語り合います（会場のお寺がＯＫの場合はお酒も出てきます）。参加者は宇宙や科学には全く関心は無かったというお寺の檀家《だんか》さんから、逆に仏教や宗教には全く関心は無かったという科学好きまで様々です。

その場では、少々的外れな質問であったり、質問ではなく自分の思いを語るだけであったりしても、時間をかけてお話を聞くようにしています。その場の議論の質を高めることよりも、たとえ同じ話の繰り返しだとしても、人と人が何かについて語り合うことそのものに意味があるように感じているからです。そうすることで何か私自身も、多くの人に正しい科学的知識を伝えることができたり、自分にとって新しい知識を得たりといったこととは違ったものを得ているような気がします。

学問は先人たちが長い年月をかけて積み上げてきたものに立脚しています。その蓄積は膨大ですが、この宇宙に存在している様々な事象とそれに対する人間の捉《とら》え方の可能性は、恐らくそれよりはるかに膨大です。学問の膨大な蓄積の中で、一人の人間が一生のうちに身につけることができるのはごくわずかに過ぎませんが、それでもその基礎をしっかりと修めることで、この世界のことをより明晰《めいせき》に、かつ豊かな視点で見ることができます。

その意味で、学問は決して単なる有用な知識の集合体ではなく、この混沌《こんとん》とした宇宙に投げ込まれた人生を、より生きやすく、豊かなものにしてくれるものだと思います。そして、これから学問を志そうとしている方は、できることならそれを自分自身を豊かにすることだけに留《とど》めず、他者との関わりの中でどう生きるかということに活《い》かしてもらえたらと思います。

磯部洋明

ISOBE HIROAKI

京都市立芸術大学准教授。専門分野は宇宙物理学。1977年神奈川県生まれ。岡山県育ち。京都大学大学院理学研究科博士後期課程物理学・宇宙物理学専攻修了。東京大学大学院理学系研究科地球惑星科学専攻日本学術振興会特別研究員、ケンブリッジ大学客員研究員、京都大学宇宙総合学研究ユニット特定准教授、京都大学大学院総合生存学館准教授などを経て現職。2009年文部科学大臣表彰・若手科学者賞受賞。

イラストレーター＊中村ユミ

ブックデザイン＊albireo

入門！ガクモン
人気大学教授の熱烈特別講義

宇宙を生きる

世界を把握しようともがく営み

2019年3月6日　初版第1刷発行

著　者　磯部洋明
発行者　小川美奈子
発行所　株式会社 小学館
〒101-8001 東京都千代田区一ツ橋2-3-1
編集 03-3230-5450／販売03-5281-3555
印刷所　萩原印刷株式会社
製本所　株式会社若林製本工場

ISBN978-4-09-388673-4

制作／太田真由美・星一枝　販売／大下英則　宣伝／島田由紀　編集／小川美奈子